Babita Niranjan
N. D. Shashikiran
Aashutosh Dubey

Tratamento contemporâneo da cárie incipiente

Babita Niranjan
N. D. Shashikiran
Aashutosh Dubey

Tratamento contemporâneo da cárie incipiente

ScienciaScripts

Imprint

Cover image: www.ingimage.com

This book is a translation from the original published under ISBN 978-3-659-86318-9.

Publisher:
Sciencia Scripts
is a trademark of
Dodo Books Indian Ocean Ltd. and OmniScriptum S.R.L publishing group

120 High Road, East Finchley, London, N2 9ED, United Kingdom
Str. Armeneasca 28/1, office 1, Chisinau MD-2012, Republic of Moldova, Europe
Managing Directors: Ieva Konstantinova, Victoria Ursu
info@omniscriptum.com

Printed at: see last page
ISBN: 978-620-8-38983-3

CONTEÚDO:

1. INTRODUÇÃO-

A identificação da doença baseia-se no seu reconhecimento como cárie dentária por desmineralização ou cavitação. O início da cárie ocorre com a introdução de uma combinação de uma população bacteriana específica que leva à desmineralização da superfície e à presença de um ambiente favorável ao desenvolvimento deste microrganismo em particular.[1] Esta desmineralização da superfície foi estudada como cárie incipiente por Weerheijm et al (1997) e é definida como "cárie da dentina oclusal que não é detectada num exame visual, enquanto uma radiografia do dente mostra claramente a cárie na dentina".[2]

A cárie incipiente é a fase inicial da doença que normalmente permanece oculta. É diagnosticada quando há algum dano superficial na coroa de um dente. À medida que a lesão progride, torna-se visível a olho nu como uma lesão de manchas brancas e pode ser detectada numa radiografia. Em condições avançadas, pode ser 3

localizado através da utilização de uma sonda afiada.[3]

O reconhecimento do início e do estabelecimento precoce da doença deve ser a principal preocupação da nossa profissão e não a procura de cavidades.[4] Por outro lado, se a doença já progrediu para a cavitação superficial antes de ser identificada, o reconhecimento dos factores aberrantes é imperativo antes da intervenção cirúrgica, pois de nada serve reparar os danos causados pela doença se esta se mantiver ativa.[5] A identificação de cáries ocultas deve resultar do reconhecimento da presença da doença antes de haver evidência de lesões de manchas brancas ou de cavitação superficial real.[3] Dados recentes que comparam os National Health and Nutrition Examination Surveys I e III indicam que a experiência total de cárie em crianças com idades compreendidas entre os 6 e os 18 anos foi reduzida em cerca de 58% (redução de 4,44 para 1,90 dentes cariados, perdidos ou obturados [DMF]). Embora o esmalte seja mais resistente à desmineralização e ao desenvolvimento de cáries precoces, a prevalência deve-se à morfologia oclusal que retém alimentos cariogénicos.[2] Por isso, um tratamento precoce é benéfico. Atualmente, a gestão da cárie exige uma mudança da prática de tratamento operatório generalizado de todas as "lesões" detectadas para uma abordagem de diagnóstico mais criteriosa, com a adoção de estratégias não operatórias centradas na educação eficaz do doente e no controlo preventivo da doença. Espera-se que o adiamento da intervenção operatória para lesões precoces e a utilização de estratégias eficazes de intervenção operatória conservadora para a doença dentária ativa resultem numa maior conservação e longevidade dos dentes ao longo da vida do doente. Um novo paradigma de conservadorismo operatório, por vezes referido como "medicina dentária minimamente invasiva", foi concebido para promover a máxima preservação de estruturas dentárias saudáveis ao longo da vida.[5] A MID inclui uma gestão não cirúrgica através da utilização de intervenções operatórias conservadoras eficazes para a cárie dentária, uma gestão conservadora em duas fases da cárie profunda e estratégias de reparação para restaurações que, de outra forma, estariam em boas condições.[6] Os objectivos gerais da medicina dentária operatória minimamente invasiva são a conservação de uma estrutura dentária sólida e a manutenção a longo prazo da vitalidade da polpa.

O tratamento da lesão cariosa incipiente pode ser classificado como cirúrgico ou médico. O tradicional baseia-se no pressuposto de que a remoção cirúrgica do tecido cariado e das restaurações defeituosas é suficiente.[8]

As cáries com cavitação devem ser tratadas cirurgicamente; no entanto, se o esmalte permanecer visualmente intacto, existe a possibilidade de reverter a desmineralização, embora esta possa, no caso de lesões proximais, estender-se radiograficamente à dentina.[3] Os dentistas geralmente utilizam o sobretratamento cirúrgico das lesões cariosas. A substância dentária que se perde é substituída por um biomaterial. No processo de remoção do tecido infetado, perde-se a substância dentária saudável. A perda adicional de substância pode dever-se a microfugas, fracturas e/ou anatomia deficiente e cáries secundárias. Evidências clínicas recentes sugerem que esta crença precisa de ser reavaliada.[9]

Assim, esta dissertação fornece evidências para apoiar a utilização de técnicas mais conservadoras de preparação da cavidade com resinas restauradoras adesivas e aborda a questão das técnicas operatórias conservadoras no que diz respeito a cáries ocultas ou incipientes. O apoio à tecnologia contemporânea também diz respeito aos métodos de deteção de cáries e ao papel da ampliação, à avaliação do risco de cárie do paciente, à gestão conservadora da cárie, à instrumentação, aos materiais e às técnicas.[10]

2. CÁRIES INCIPIENTES-

A relevância da deteção e do protocolo de tratamento de uma lesão depende da sua apresentação, que inclui as caraterísticas clínicas e histológicas. A cárie dentária é uma doença multifatorial e é a principal causa de dor oral e perda de dentes.[11] É um processo dinâmico, bacteriano, geralmente crónico, específico do local, que resulta do desequilíbrio no equilíbrio fisiológico entre o material dentário e o fluido da placa bacteriana; isto é, quando a queda do pH resulta numa perda líquida de minerais ao longo do tempo. (Fejerskov 1985)

Com base nas caraterísticas e padrões clínicos, a cárie dentária pode ser classificada de acordo com 3 factores básicos. O primeiro é a morfologia, que inclui o local anatómico das lesões, como cáries oclusais (fossas e fissuras) e de superfície lisa, cáries radiculares (cimento), cáries lineares do esmalte (Odontoclasia). Seguida da dinâmica, que inclui, de acordo com a gravidade e a taxa de progressão das lesões, cáries galopantes, cáries incipientes, cáries interrompidas, cáries recorrentes, cáries induzidas por xerostomia (cáries por radiação). E a cronologia, que inclui os padrões de idade em que as lesões predominam, como a cárie da infância (chupeta e biberão) ou a cárie do adolescente. A cárie incipiente é uma lesão cariosa precoce, visível nas superfícies lisas dos dentes, que se manifesta clinicamente como uma região branca e opaca, melhor demonstrada quando a área é seca ao ar.[12] Isto deve-se à desmineralização do esmalte, mas sem cavitação ou alteração histológica importante da matriz orgânica do esmalte (Darling, 1958)[12] Além disso, a lesão incipiente tem uma camada superficial intacta sobreposta à desmineralização subsuperficial. Por vezes, esta superfície intacta pode tornar-se pigmentada pela absorção de corantes extrínsecos, designados por "Mancha Castanha", que representam a cárie dentária detida. Esta pigmentação resulta da difusão de material orgânico em grandes poros caraterísticos das manchas brancas.[3]

1. **Aspeto clínico:** É o primeiro sinal clínico de cárie devido à perda de translucidez da área afetada. Caracteriza-se clinicamente pela ausência de cavitações, mas a superfície pode ser mais áspera do que o esmalte normal, conforme avaliado por uma sonda dentária.

A mancha branca é mais frequentemente detectada na área gengival das superfícies vestibulares ou labiais da coroa clínica de um dente. As lesões incipientes também são muito comuns em locais proximais e de sub-contacto.[3] A cárie incipiente presente em lesões interproximais pode ser detectada numa radiografia de mordida. No entanto, nesta fase, ocorreu perda de sais minerais (danos químicos) no tecido, mas não há penetração significativa de bactérias associadas a lesões na dentina ou cavitações na superfície do esmalte.[11] Na fase inicial, a lesão incipiente pode ser travada ou mesmo revertida pela remineralização, se for adotado um programa preventivo eficaz. A restauração de uma lesão cariosa incipiente é um procedimento eletivo que geralmente não é recomendado, exceto em casos de suscetibilidade à cárie invulgarmente elevada.[3] I. Amis et al (1992) descobriram que as lesões de cárie não cavitadas (cárie incipiente) são significativamente mais prevalentes do que as lesões de cárie cavitadas em crianças na Ilha de Montreal. Quebeque, Canadá.[13] Noutro estudo de UM Skold et al (1995) realizaram um estudo de prevalência de lesões incipientes em crianças de 16 anos no condado de Bohuslan, Suécia, nos anos de 1987 e 1990 e observaram que as lesões incipientes constituíam 80% do número total de lesões cariosas.[14]

2. Caraterísticas histológicas:

Quando examinada histologicamente, a lesão incipiente penetra na dentina subjacente, embora o tecido dentinário não seja invadido por bactérias. Tem uma forma cónica com uma base larga em direção ao esmalte e o ápice em direção à dentina. A direção dos prismas do esmalte faz com que a lesão cariosa se alargue à medida que se aproxima do tecido dentinário e depois se espalhe lateralmente na junção esmalte-dentina.[12] Darling (1956) e Silverstone (1968), a partir de estudos de luz polarizada, sugeriram que a zona de superfície birrefringente negativa (em água) aumentava com o período de desmineralização.[15]

Os estudos de microscopia ótica de lesões cariosas do esmalte sem cavitação apresentam 4 zonas distintas que representam diferentes graus de transformação do tecido duro (Silverstone, 1977). Estas zonas não devem ser interpretadas como entidades distintas, mas representam um conjunto contínuo de alterações à medida que a cárie progride[12] , como se mostra na figura nº. 1.

1. **A zona translúcida:** É o primeiro sinal discernível de quebra do esmalte, mas pode ser visto em secções longitudinais com agentes como a Quinolina ou o Bálsamo do Canadá, que têm um índice de refração semelhante ao do esmalte (1,62), como observado em 50% das lesões (Silverstone, 1966).[12]
2. **A zona escura:** A zona escura é profunda ao corpo da lesão e superficial à zona translúcida. Esta zona representa perda mineral e é positivamente birrefringente quando examinada em quinolina com um microscópio de polarização. Tem um volume de poros de 2-4%.[12]
3. **O corpo da lesão:** O corpo da lesão cariosa encontra-se na profundidade da camada superficial do esmalte relativamente não afetada. Esta zona é positivamente birrefringente quando examinada em água e tem um volume mínimo de poros de 5% na periferia e 12
numa pequena lesão subclínica, o volume dos poros é de 25%.[12]
4. **A camada superficial:** Uma caraterística importante da lesão cariosa inicial é a presença de uma superfície de esmalte aparentemente intacta sobreposta a uma área de desmineralização subsuperficial. A zona de superfície foi definida como uma zona de birrefringência negativa superficial ao corpo positivamente birrefringente da lesão, quando a secção é examinada em água com um microscópio de polarização (Silverstone, 1968).[12] É importante notar que as quatro zonas histológicas não podem ser vistas se a secção for examinada num único meio.

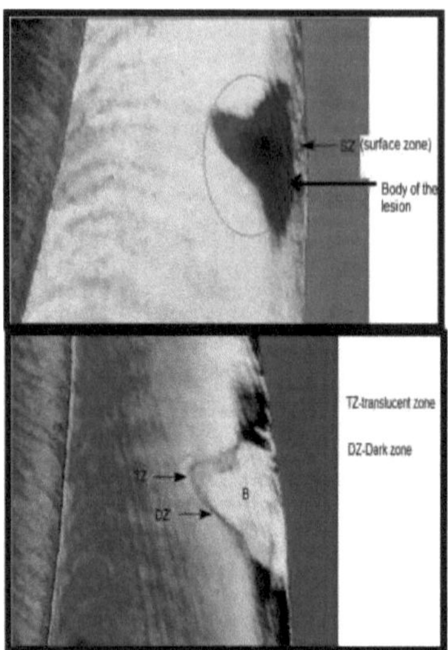

Figura nº 1- Zonas de lesão incipiente

E. C. Moreno et al (1979) explicaram as caraterísticas histológicas das cáries incipientes envolvidas na formação de cáries e explicaram as caraterísticas histológicas únicas das cáries incipientes envolvidas na formação de cáries.[16]

3. Mecanismo de Formação de Lesões Subsuperficiais em Cáries Incipientes-

À medida que a lesão progride, ocorre uma desmineralização subsuperficial, enquanto a superfície exterior permanece preservada. Num ambiente neutro, a hidroxiapatite está em equilíbrio com o ambiente aquoso local, ou seja, a saliva, que está saturada com iões Ca2 e $(PO_4)_3^-$.[17] A HA é reactiva aos iões de hidrogénio a um pH igual ou inferior a 5,5. O H^+ reage com os grupos fosfato no ambiente aquoso imediatamente adjacente à superfície cristalina do esmalte. O processo pode ser descrito como a conversão de $(PO_4)_3^-$ em $(HPO^4)_2^-$ pela adição de H^+ e, ao mesmo tempo, o H^+ é tamponado. O $(HPO_4)_2^-$ não é capaz de contribuir para o equilíbrio normal do HA porque contém PO_4, em vez de HPO_4, e o cristal de HA dissolve-se assim. Este processo é conhecido como desmineralização.[3]

Segundo Silverstone (1968) desenvolveu modelos experimentais de lesão cariosa, os colóides presentes em soluções ácidas desmineralizantes, levam à formação de várias zonas incluindo uma zona exterior aparentemente intacta. Pensou-se que os colóides se adsorviam à superfície da mesma forma que a película salivar e protegiam o esmalte exterior do ataque, além de permitirem que alguns ácidos se difundissem nas superfícies dentárias. De acordo com outro modelo, as soluções ácidas quase saturadas com iões de cálcio e fosfato conduzem à desmineralização subsuperficial com uma camada exterior relativamente intacta, sugerindo a reprecipitação de sais de cálcio.[12]

4. Antecedentes históricos*:*

As lesões cariosas podem ocorrer sob uma massa de bactérias (placa dentária) que é capaz de produzir um ambiente suficientemente ácido para desmineralizar a estrutura dentária. O estudo in vitro e in vivo de Meckel (1986) sugeriu que a película desempenha um papel importante na formação das camadas superficiais do esmalte.[15]

A placa dentária é definida clinicamente como substâncias estruturadas, resilientes, amarelas e acinzentadas que aderem tenazmente às superfícies duras intra-orais, incluindo aparelhos removíveis e fixos. A placa é composta principalmente por bactérias numa matriz de glicoproteínas salivares e polissacáridos extracelulares. Esta matriz torna impossível a remoção da placa por 18

enxaguamento ou utilização de sprays.[18]

A placa dentária é composta principalmente por microorganismos. Um grama de placa bacteriana (peso húmido) contém aproximadamente 10^{11} bactérias. Encontram-se mais de 500 espécies microbianas distintas na placa dentária. M Brannstrom et al (1980) demonstraram a invasão de microrganismos em lesões incipientes utilizando uma investigação por microscopia eletrónica de varrimento e descobriram que o espaço entre o esmalte e a dentina podia ser completamente preenchido por microrganismos.[19] *Os estreptococos* são as primeiras espécies bacterianas a aderir aos dentes e a iniciar a formação da placa bacteriana. Outras espécies infiltram-se progressivamente na placa bacteriana e, após alguns dias de crescimento livre, predominam os bacilos gram-negativos. Os organismos mais cariogénicos são os *estreptococos* aderentes, como o *Streptococcus mutans, o S sobrinus* e o *bacilo Lactobacillus.*[18] Estes organismos não só produzem rapidamente ácidos orgânicos a partir de hidratos de carbono refinados (ou seja, são acidogénicos), como também são capazes de suportar ambientes altamente ácidos (ou seja, são acidúricos). *O S sobrinus* é o produtor de ácido mais rápido, embora esteja normalmente presente em números muito reduzidos relativamente ao *S mutans*. O lactobacilo é um dos organismos predominantes na dentina já cariada. Os polissacáridos segregados pelo *S mutans* e por outras bactérias da placa bacteriana proporcionam aderência à estrutura dentária através da película e produzem mais hidratos de carbono para o metabolismo bacteriano quando as fontes alimentares se esgotam. O biofilme oral cobre todos os dentes e, após a remoção com procedimentos de higiene, começa imediatamente a reformar-se.[3] As hipóteses que têm sido propostas para a formação da placa bacteriana são

1. Placa não específica Hipótese
2. Hipótese específica da placa

1. Hipótese da placa não específica - Foi proposta em meados da década de 1990. A hipótese não específica defende que o processo de cárie resulta da "elaboração de produtos nocivos por toda a flora da placa bacteriana".

De acordo com esta teoria, quando estão presentes pequenas quantidades de placa bacteriana, os produtos nocivos são neutralizados pelo hospedeiro. Do mesmo modo, grandes quantidades de placa bacteriana produziriam grandes quantidades de produtos nocivos, que iriam essencialmente ultrapassar as defesas do hospedeiro. Esta teoria requer um objetivo terapêutico de remoção de toda a placa bacteriana na boca de um doente .[18]

2. Hipótese da placa bacteriana **específica -** A hipótese da placa bacteriana específica afirma que apenas determinada placa bacteriana é patogénica e que a sua patogenicidade depende da presença ou do aumento de microrganismos específicos. Este conceito prevê que a placa bacteriana que alberga agentes patogénicos bacterianos específicos resulta numa doença periodontal porque estes organismos produzem substâncias que medeiam a destruição dos tecidos do hospedeiro.[18]

A cárie é causada pela placa cariogénica, na qual alguns micro-organismos segregam ácidos fracos quando metabolizam hidratos de carbono. O ácido dissolve gradualmente o mineral subjacente, tanto à superfície como à subsuperfície, o que provoca alterações estruturais irreversíveis nos tecidos duros dentários. A iniciação da cárie começa com a dissolução direta dos cristais na superfície do esmalte. Um desafio adicional leva a um aumento da dissolução à superfície e a uma dissolução preferencial à subsuperfície .[3]

3. REVISÃO DA LITERATURA

Prevalência de cáries, Mecanismo, Caraterísticas clínicas: F.J. Holly, J.A. Gray (1968) desenvolveram um modelo simples que incorpora as principais caraterísticas das "manchas brancas" para aproximar o comportamento do processo de descalcificação subsuperficial no esmalte. Foram desenvolvidas duas equações matemáticas baseadas neste modelo que descrevem a dependência temporal do consumo de ácido e a profundidade da descalcificação. O bom desempenho das equações apoia a fiabilidade do modelo. O tratamento teórico indica que a camada exterior relativamente sólida que separa a região descalcificada do meio de descalcificação tem um efeito dominante no fenómeno global de transporte e, por conseguinte, na taxa de descalcificação subsuperficial .[20]

E. C. Moreno, R. T. Zahradnik (1976) explicaram as caraterísticas histológicas únicas das cáries incipientes envolvidas na formação da cárie. Neste contexto, os factores naturais e induzidos que influenciam o processo de desmineralização foram grandemente facilitados pela utilização de sistemas bacteriológicos nos quais a desmineralização é produzida pela colonização direta de microrganismos cariogénicos nas superfícies dos dentes extraídos. Concluíram que a película retarda o transporte de matéria através da superfície do esmalte, enquanto as soluções tópicas de flúor diminuem a cariogenicidade das bactérias colonizadoras .[21]

M Brannstrom, G. Gola, K.J. Nordertvall, B Torstenson (1980) realizaram uma investigação por microscopia eletrónica de varrimento para demonstrar a invasão de microrganismos em lesões incipientes e descobriram que o espaço entre o esmalte e a dentina podia ser completamente preenchido por microrganismos. Concluíram que os microrganismos pareciam ser capazes de remover estruturas de esmalte por ação direta, de uma forma semelhante à dos osteoclastos que dissolvem o osso .[19]

L. Seppa, P. Alakuijala, I. Karvonen (1985) examinaram 23 dentes humanos, com esmalte fissurado sob lesões de manchas brancas sem qualquer perda visível de substância dentária ao microscópio eletrónico de varrimento. Em 7 dos 23 espécimes, foram observadas colónias bacterianas sob a superfície do esmalte, por vezes tão profundas como a junção esmalte-dentina e a dentina. Na maioria das amostras, o esmalte subsuperficial parecia estar parcialmente desintegrado. Assim, as bactérias podem ser encontradas sob o esmalte superficial numa fase inicial da cárie, enquanto a superfície ainda está intacta .[22]

I. Ismail Amis, Jean-Marc Brodeur, Pierre Gagnon, Martin Payette (1992) efectuaram um estudo de prevalência em 911 crianças selecionadas aleatoriamente com lesões de cárie não cavitadas e cavitadas na Ilha de Montreal. Quebec, Canadá. A lesão cariosa mais frequente encontrada nas crianças examinadas foram lesões cariosas não cavitadas (incipientes) a 1,5 da linha gengival em superfícies dentárias lisas, e lesões cariosas manchadas ou não cavitadas em fossas e fissuras. Este estudo constatou que as lesões cariosas não cavitadas são significativamente mais prevalentes do que as lesões cariosas cavitadas em crianças .[13]

UM Skold, B Klock, CG Rasmusson, T Torstensson (1995) efectuaram um estudo de prevalência de lesões incipientes em crianças de 16 anos no condado de Bohuslan, Suécia, nos anos de 1987 e 1990. As lesões incipientes eram frequentemente negligenciadas nos registos de cáries e, por conseguinte, a verdadeira prevalência de cáries era subestimada. Os resultados mostraram que a prevalência da cárie ainda estava subestimada. As lesões incipientes constituíam 80% do número total de lesões cariosas, o que era aproximadamente o mesmo que quando a prevalência da cárie era mais elevada .[14]

Z Emami , S al-Khateeb , E de Josselin de Jong et al (1996) avaliaram a perda mineral em lesões de cárie incipientes no esmalte humano utilizando o método de fluorescência laser (LAF) que foi validado com microradiografia longitudinal (LMR). Foram efectuados exames de fluorescência e registos de LMR em 36 placas de esmalte com lesões incipientes. A perda de fluorescência nesta lesão foi de 18,2 +/- 1,0% e a perda de esmalte foi de 0,09 +/- 0,02 kg m^2 . Concluiu-se que o método não destrutivo de fluorescência a laser é um método sensível e válido para a quantificação da perda mineral em lesões de cárie do esmalte .[23]

MS Skeie, I Espelid, AB Skaare, A Gimmestad (2005) descreveram a prevalência, a gravidade e a distribuição da cárie numa população pré-escolar em Oslo, Noruega, e compararam os resultados em subgrupos de acordo com o estatuto de imigrante e a idade. Escolheram crianças participantes (n = 775), de 7 clínicas do Serviço Público de Saúde Dentária, de vários contextos socioeconómicos e estatuto de imigrante (IM, grupo de imigrantes - mãe de origem não ocidental ou WN, grupo de nativos ocidentais - mãe de origem ocidental). O subgrupo de crianças imigrantes apresentou uma prevalência de cárie consideravelmente mais elevada, com cárie grave, e teve um início mais precoce da doença do que o subgrupo de crianças de origem ocidental. A assimetria mais acentuada dos dados relativos à cárie foi observada no grupo WN, especialmente aos 3 anos de idade .[24]

Diagnóstico de cáries incipientes: EH Verldonschot, EM Bronkhorst, RCW Burgersdijk et al (1992) realizaram um estudo in vivo para detetar cáries incipientes clinicamente e utilizando o FOTI em crianças com idades entre os 7 e os 13 anos. O exame clínico teve uma sensibilidade baixa (13%) mas uma especificidade elevada (94%) na deteção de cáries dentárias: O FOTI também teve uma sensibilidade baixa (13%) mas uma especificidade mais elevada (99%) do que o exame clínico .[25]

C. M. Pine, J.J. ten Bosch (1996) analisaram e discutiram a dinâmica das lesões cariosas e os métodos de diagnóstico para a sua deteção. Concluíram que, de entre as técnicas não invasivas, a transiluminação com fibra ótica fornece a estimativa mais exacta da cárie dentária posterior aproximada. É provável que os métodos de resistência eléctrica contribuam de forma significativa para o diagnóstico de cáries incipientes no futuro .[26]

E. Verdonschot, B Angmar Mansson, J.J. Ten Bosch et al (1999) avaliaram os progressos alcançados na investigação sobre o diagnóstico da cárie desde o simpósio anterior, realizado em 1992, com o objetivo de estabelecer uma ligação entre o diagnóstico da cárie e as decisões de tratamento subsequentes e o seu efeito nos resultados do tratamento, em particular a qualidade dos cuidados dentários, e avaliar o efeito das decisões de diagnóstico e tratamento nos resultados dos cuidados .[27]

X.Q., Shi, U Welander, B Angmar-Mansson (2000) compararam o método de fluorescência a laser KaVo DIAGNOdent com a radiografia no que respeita à exatidão na deteção de cáries. Setenta e seis dentes pré-molares e molares extraídos foram medidos duas vezes com o DIAGNOdent em condições húmidas e secas, com um intervalo de 2 semanas. Foram expostas radiografias convencionais em película. A precisão de diagnóstico do DIAGNOdent foi significativamente melhor do que a da radiografia ($p \leq 0,001$). Neste estudo in vitro de deteção de cáries dentárias, o desempenho de diagnóstico do método DIAGNOdent foi superior ao da radiografia .[28]

B. Mansson Angmar, J.J. Ten Bosch (2001) analisaram a literatura sobre a validação e aplicação do método quantitativo de fluorescência induzida por luz (QLF) para a avaliação quantitativa de lesões precoces do esmalte in vivo e in vitro. A QLF utiliza luz com comprimentos de onda de cerca de 405 nm para excitar a fluorescência amarela em comprimentos de onda superiores a 520 nm. A sua capacidade de diagnóstico baseia-se no mecanismo em que a intensidade da fluorescência natural de um dente é diminuída pela dispersão devida a uma lesão de cárie. Concluíram que a QLF oferece uma ferramenta potencial para reduzir o tempo necessário para a investigação clínica .[29]

Raimund Hibst, Robert Paulus, Adrian Lussi (2001) compararam a sensibilidade da inspeção visual e da radiografia na deteção de cáries oclusais ocultas sob uma superfície macroscopicamente sólida e concluíram que a deteção de cáries oclusais com o sistema DIAGNOdent tem uma sensibilidade muito melhor do que os métodos convencionais, uma vez que as leituras estão correlacionadas com o estado da lesão cariosa, as decisões de tratamento podem ser auxiliadas pela medição .[30]

AM Costa, LM Paula, AC Bezerra (2008) concluíram que o dispositivo laser teve um desempenho aceitável e que este dispositivo deve ser utilizado como um método adjuvante da inspeção visual, a fim de evitar resultados falsos positivos .[31]

MA Khalife, JR Boynton, JB Dennison (2009) realizaram um estudo in vivo que avaliou a correlação entre a profundidade e o volume da cárie à medida que esta era removida por peças de mão com as leituras do DIAGNOdent e concluíram também que este dispositivo deve ser utilizado como um complemento no processo de diagnóstico e planeamento do tratamento .[32]

CH Chu, EC Lo, DS You (2010) estudaram a validade de três métodos diferentes para a deteção de cáries de fissura em 144 segundos molares com superfícies oclusais intactas em 41 adultos jovens, incluindo o exame visual, radiografias bitewing e a utilização de um DIAGNOdent. A abordagem combinada deste dispositivo e do exame visual foi considerada superior .[33]

Teste de atividade de cárie:

L Seppa, L Pollanen, H Hausen (1988) determinaram o nível de *Streptococcus mutans* na saliva através de um método de imersão em 841 crianças de 13 anos de idade, com o objetivo de identificar crianças com elevado risco de cárie. Para cada criança, foi determinada a taxa de fluxo de saliva. Não foi observada qualquer correlação linear entre a ingestão de sacarose e a contagem de *S. mutans*, mas as crianças com as contagens mais elevadas (classe 3) tendiam a ter uma ingestão de sacarose significativamente mais elevada do que as restantes crianças. A taxa de fluxo da saliva diminuiu significativamente à medida que a contagem *de S. mutans* aumentou .[34]

S.J Weinberger, G.Z Wright (1989) utilizaram um método microbiológico clinicamente aplicável para correlacionar as contagens de *Streptococcus mutans* e a prevalência de cáries dentárias em crianças pequenas. A população do estudo consistiu em 37 indivíduos, entre os 16 e os 60 meses de idade. Utilizando um abaixador de língua estéril, foram obtidas amostras de saliva não estimulada dos indivíduos e inoculadas em placas de ágar elevadas contendo um meio seletivo .[35]

J. I. Russell, T. W. MacFarlane, T. C. Aitchison et al (1990) investigaram o teste salivar e microbiológico da atividade de cárie num grupo de 372 adolescentes escoceses. As contagens de *lactobacilos, estreptococos mutans* e *Candida* foram consistentemente e significativamente associadas à prevalência de cáries, como DS ou pontuação DMFS, e a capacidade de tamponamento foi consistentemente inversamente relacionada com a pontuação DMFS. Foram obtidas melhorias significativas nas associações quando os resultados de mais do que um teste foram incluídos utilizando a análise de regressão stepwise .[36]

K Wennerholm, B Lindquist, CG Emilson (1995) realizaram um estudo para comparar a utilização de palitos de dentes com outros métodos de amostragem para a determinação de *estreptococos mutans* em diferentes superfícies dentárias. Verificaram que a pontuação de colonização *por estreptococos mutans* era mais elevada em amostras colhidas com um palito do que com um escultor ou uma agulha, enquanto as amostras colhidas com um fio dental .[37]

K Gabris, G Nagy, M. Madlena et al (1999) realizaram um estudo para avaliar a prevalência de cáries em ligação com achados salivares relacionados com cáries em 349 adolescentes húngaros de 14 a 16 anos de idade que viviam em duas cidades diferentes. Foram determinadas as médias do CPOD, do CPS, do fluxo salivar estimulado, da capacidade tampão, da contagem de *estreptococos mutans, de lactobacilos* e *de candida* na saliva. Foram encontradas correlações estatisticamente significativas entre o CPOD, os valores médios do CPOD e as contagens microbiológicas salivares .[38]

M Tanaka, Y Kadoma (2000) efectuaram um exame in vitro para conhecer o efeito do aumento da concentração de Ca e Fosfato na desmineralização do esmalte. O maior efeito inibitório que o cálcio tem na desmineralização do esmalte foi relacionado com o maior efeito que tem no grau de saturação da solução. Concluíram que a diferença no desvio padrão da desmineralização sugere a existência de outros factores que têm influência na reação de desmineralização .[39]

Sizhen Shi1, Qing Deng1, Yoshihiro Hayashi, Masashi Yakushiji (2003) efectuaram um estudo para verificar a eficácia de três CAT's (Dentocult SM, Dentocult LB e Dentobuff Strip) na revelação da condição de cárie e na previsão da progressão da cárie, e para fornecer uma referência para aplicação através da comparação dos três testes. A condição oral e os resultados dos três CAT's de 82 crianças com idades entre os 3 e os 4 anos foram registados e acompanhados. Os resultados foram que cada grau do Dentocult SM mostrou variações significativas na taxa de incidência, assim como os resultados do dft e do CSI no segundo exame. Concluíram que o Dentocult SM é o melhor dos três testes para o diagnóstico da presença de cárie e prognóstico da sua evolução, o Dentocult LB é o segundo melhor, e a Dentobuff Strip não mostra capacidade de deteção .[40]

J. J. Doel, M. P. Hector, C. V. Amirtham (2004) realizaram um estudo para testar a hipótese de que uma combinação de nitrato salivar elevado e uma elevada capacidade de redução de nitratos são protectores contra a cárie dentária, em 209 crianças que frequentam o Dental Institute, Barts and The London NHS. Verificaram que foi observada uma redução significativa na experiência de cárie em pacientes com nitratos salivares elevados e elevada capacidade de redução de nitratos .[41]

Kitasako, M Moritsuka , RM Foxton , M Ikeda (2005) efectuaram um estudo para avaliar e comparar a capacidade tampão da saliva utilizando um medidor de pH portátil e uma tira tampão comercial em pacientes com risco de cárie e concluíram que existia uma correlação significativa entre a capacidade tampão de classificação medida pelo medidor de pH B-212 e o tampão CRT ($P < 0{,}001$)[42]

Leonor sanchez-perez, Jordan golubov, M. Esther Irigoyen Camacho et al (2009) avaliaram os marcadores de risco de cárie: morfologia da fissura, experiência de cárie, taxa de fluxo salivar, resultados do teste de Snyder e contagens de *mutans* e *lactobacilos* numa coorte de crianças mexicanas de 6 anos de idade. Verificaram que a capacidade do modelo de risco para prever cáries era moderada (especificidade 79,6% e sensibilidade 78,6%). A experiência de cárie ($P = 0{,}0001$), o teste de Snyder ($P = 0{,}002$) e a morfologia da fissura ($P = 0{,}024$) tiveram a associação mais forte com o incremento de cárie .[43]

Agentes remineralizadores:

A Gaffar, J Blake-Haskins, J Mellberg (1993) aplicaram topicamente pasta dentífrica contendo DCPD radiomarcado em dentes de ratos durante um desafio cariogénico. Os resultados mostraram que o cálcio foi incorporado no esmalte com uma redução concomitante da solubilidade do esmalte. Num estudo de cáries em ratos utilizando MFP/DCPD, placebo correspondente e MFP/sílica, o dentifrício MFP/DCPD mostrou uma redução significativamente maior nas cáries de superfície lisa. Avaliaram os mesmos dentífricos num segundo estudo in situ em humanos. O MFP/DCPD aumentou o cálcio e o flúor da placa salivar. Estes resultados de estudos laboratoriais, em animais e in situ, considerados em conjunto, indicam que a combinação MFP/DCPD é única ao proporcionar uma super saturação extra na saliva e na placa bacteriana com uma eficácia anticárie concomitantemente melhorada .[44]

EC Reynolds, RP Shel, P Shen, GD Walker (2003) compararam a capacidade do CPP-ACP com a de outras formas de cálcio, de ser retido na placa supragengival e de remineralizar lesões da subsuperfície do esmalte in situ, quando administrado em colutórios ou pastilhas sem açúcar em ensaios aleatórios e duplamente cegos. No estudo do enxaguatório bucal, apenas os enxaguatórios bucais contendo CPP-ACP aumentaram significativamente os níveis de cálcio e fosfato inorgânico da placa, e o CPP foi imunolocalizado na superfície das células bacterianas, bem como na matriz intercelular. Nos estudos com pastilhas elásticas, a pastilha contendo CPP-ACP, apesar de não conter a maior quantidade de cálcio por pastilha, produziu o nível mais elevado de remienralização do esmalte, independentemente da frequência e duração da mastigação da pastilha. O CPP pôde ser detectado em extractos de placa 3 horas após os indivíduos terem mastigado a pastilha contendo CPP-ACP. Os resultados mostraram que o CPP-ACP foi superior a outras formas de cálcio na remineralização de lesões subsuperficiais do esmalte .[45]

Maki Oshiro, Yamaguchi Kanako, Takamizawa Toshiki, Hirohiko Inage et al (2007) avaliaram o efeito da pasta CPP-ACP na desmineralização, observando a superfície do dente tratado com um FE-SEM. Os espécimes foram preparados cortando o esmalte e a dentina de dentes de bovino em blocos. Alguns espécimes foram armazenados em solução tampão de ácido lático 0,1 M durante 10 min e depois em saliva artificial (controlo negativo). Os restantes espécimes foram armazenados numa solução 10 vezes diluída de pasta CPP-ACP ou numa pasta placebo não contendo CPP-ACP durante 10 min, seguida de 10 min de imersão numa solução desmineralizante (pH = 4,75, Ca). Concluíram que o CPP-ACP apresenta um efeito anti-cárie, suprimindo a desmineralização, aumentando a remineralização, ou possivelmente uma combinação de ambos .[46]

Deepika Pai, Sham S Bhat, Abhay Taranath, Sharan Sargod, Vinita M Pai (2008) avaliaram a remineralização de lesões incipientes do esmalte através da aplicação tópica de Casein PhosphoPeptide-Amorphous Calcium Phosphate (CPP-ACP) utilizando fluorescência laser e microscópio eletrónico de varrimento. Foram utilizados no estudo sessenta dentes extraídos sem cáries. Quarenta dentes foram utilizados como amostras de teste, dez como controlos positivos e dez como controlos negativos. Os resultados deste estudo mostraram que as leituras de fluorescência a laser das amostras de teste após a remineralização foram altamente significativas .[47]

Cochrane, Saranathan S, Cai F, Cross KJ et al (2008) determina o efeito da composição iónica das soluções de CPP-ACP e CPP-ACP na remineralização in vitro das lesões subsuperficiais do esmalte. A concentração de iões de cálcio, fosfato e fluoreto ligados ao CPP e livres nas soluções foi determinada após ultrafiltração. O mineral depositado nas lesões subsuperficiais foi analisado utilizando microradiografia transversal e microssonda eletrónica. Verificou-se que o CPP estabiliza altas concentrações de iões cálcio, fosfato e fluoreto em todos os valores de pH (7,0-4,5). O mineral formado na lesão subsuperficial era consistente com hidroxiapatite e fluorapatite para remineralização com CPP-ACP, respetivamente. Os gradientes de atividade do par de iões neutros CaHPO4 na lesão foram significativamente correlacionados com a remineralização e, juntamente com o HF, foram identificados como espécies importantes para a difusão .[48]

M Goswami, S Saha, TR Chaitra (2012) analisaram os sistemas contemporâneos não fluoretados disponíveis para a terapia de remineralização e ideias para a sua implementação na prática clínica. Foi recolhido um total de 526 resumos, dos quais 172 artigos que discutiam as tecnologias actuais de agentes remineralizadores não fluoretados foram lidos e 33 artigos mais relevantes foram incluídos neste documento. A tecnologia baseada no fosfopeptídeo de caseína foi estabelecida como um forte agente remineralizante não fluoretado que preenche todos os critérios de um material remineralizante ideal .[49]

N Patil, S Choudhari, S Kulkarni, S R Joshi (2013) realizaram um estudo para descobrir a eficácia do fosfopeptídeo de caseína-fosfato de cálcio amorfo (CPP-ACP), fosfopeptídeo de caseína-fosfato de cálcio amorfo fluoreto (CPP-ACPF), e fluoreto de fosfato tricálcico (TCP-F) na remineralização da superfície do esmalte, na qual foi criada uma lesão de cárie artificial, e foram analisadas utilizando o DIAGNOdent® (KaVo) e o microscópio eletrónico de varrimento (SEM). Um total de 52 pré-molares e 24 molares foram selecionados e classificados em quatro grupos de 13 pré-molares e 6 molares em cada grupo. O TCP-F mostrou uma quantidade marginalmente maior de remineralização do que o CPP-ACP (Tooth Mousse®). A eficácia da remineralização foi TCP-F > CPP-ACPF > CPP-ACP .[50]

Materiais:- Cimento de ionómero de vidro:

J. Foley, D. Evans, A. Blackwell (2004) determinaram a durabilidade e a eficácia do cimento de cobre preto (BCC) e do cimento de ionómero de vidro convencional (GIC) quando utilizados para restaurar molares primários após a remoção parcial de cáries (PCR) e para comparar estes resultados com a preparação e restauração convencionais da cavidade. Verificaram que Quarenta e quatro pacientes (F: 31; M: 13), com idade média de 6,8 anos (variação: 3,7-9,5), tinham 120 restaurações colocadas (PCR: GIC: 43; CR: 41; PCR: BCC: 36). Oitenta e seis molares (29 pacientes) (PCR: GIC: 30; CR: 29; PCR: BCC: 27 foram revistos aos 24 meses. Os tempos medianos de sobrevivência (MST) com quartis de 25% e 75% entre parêntesis foram os seguintes: PCR: CBC, MST = 24 meses (6, 24); PCR: GIC, MST = 24 meses (24, 24) e RC, MST = 24 meses (24, 24). A MST para restaurações PCR: BCC foi significativamente menor do que para restaurações PCR: GIC e CR (W = 1163,5, $P = 0,028$ e W = 1081,0, $P = 0,004$, respetivamente) .[51]

RJ Smales, HC Ngo, K H Yip, C Yu (2005) avaliaram a mineralização e a morfologia da dentina **cariada** residual (infetada e afetada) após a restauração de molares decíduos vitais com cimento de ionómero de vidro viscoso (**CIV**). O resultado do estudo foi que a EPMA (microanálise por sonda de electrões) demonstrou a presença de flúor e estrôncio que tinham penetrado na dentina **cariada** residual subjacente a partir do **GIC** adjacente. As concentrações destes dois elementos, bem como as de cálcio e fósforo, variaram com a distância da interface **GIC/dentina**. A MEV mostrou graus variados de destruição dos túbulos dentinários e dentina intratubular (peritubular) presente imediatamente subjacente à interface **GIC/dentina**. A remoção incompleta da dentina cariada foi observada em todos os espécimes, e **o GIC** permaneceu aderente ao tecido .[52]

C. Trairatvorakul, S. Kladkaew, S. Songsiripradabboon (2008) realizaram um estudo com o objetivo de encontrar o material mais eficaz, comparando os efeitos de um selante à base de resina (selante), um selante com flúor (selante F), um verniz com flúor (verniz F) e um cimento de glassionómero (GIC) na desmineralização de cáries artificiais incipientes e esmalte intacto adjacente em superfícies proximais de dentes posteriores. O material mais eficaz na redução das áreas cariadas foi o GIC, seguido do verniz F, do selante F e dos selantes. O GIC seguido do verniz F foi o mais eficiente na inibição de novas lesões de cárie 0,5 mm adjacentes aos materiais .[53]

FB Fidalgo, S Maroun, B Heloisa de Oliveira (2009) avaliaram o efeito preventivo da cárie de um cimento de ionómero de vidro (CIV) utilizado como selante oclusal em primeiros molares permanentes recentemente irrompidos. Verificaram que após 6 meses, 1 superfície oclusal no grupo de teste e 2 superfícies oclusais no grupo de controlo apresentaram lesões de cárie (P=.15). No quinto ano de seguimento, 2 superfícies oclusais no grupo de teste e 7 superfícies oclusais no grupo de controlo estavam preenchidas ou cariadas (P=.42), e o número médio de superfícies seladas que se tornaram cariadas ou preenchidas foi de 0.2 (intervalo de confiança de 95% [IC] = 0.02-0.70) para os dentes selados com GIC e 0.6 (IC 95%=0.20-1.30) para os dentes selados com RBS (P=.30) .[54]

GIC modificado com resina:

S. Hubel, I. Mejare (2003) compararam o desempenho clínico de dois cimentos de ionómero de vidro (CIV) para restaurações de Classe II em molares primários: um cimento convencional (Fuji II®) e um cimento modificado por resina (Vitremer®).

Concluíram que o GIC modificado com resina oferecia vantagens em relação ao GIC convencional para restaurar cáries aproximadas em molares primários .[55]

A.R. Prabhakar, T. Mahantesh, Vipin Ahuja (2009) realizaram um estudo com o objetivo de avaliar a eficácia dos cimentos de fixação em termos de capacidade de retenção e potencial de inibição da desmineralização. Verificaram que o valor médio de retenção foi mais elevado com o cimento de resina, seguido do RMGIC, GIC e grupo de controlo, respetivamente .[56]

MA Paschoal, CV Gurgel, D Rios, AC Magalhaes et al (2011) compararam o padrão de libertação de flúor (F-) de um cimento de ionómero de vidro (CIV) modificado com resina (Ketac N100 - KN) com os CIVs disponíveis utilizados na prática dentária (CIV modificado com resina - Vitremer - V; CIV convencional - Ketac Molar - KM) e um compósito de resina nanopreenchido (Filtek Supreme - RC). Verificaram que existiam diferenças significativas entre a libertação diária de F- ao longo do tempo até ao terceiro dia apenas para os materiais GICs. As médias diárias de libertação de F para RC foram semelhantes ao longo do tempo. Os resultados indicam que o perfil de libertação de F- do GIC modificado com resina nano-preenchido é comparável ao GIC modificado com resina .[57]

GR Basso, A Della Bona, DL Gobbi, D Cecchetti (2011) avaliaram a libertação in vitro de fluoreto (F) de 4 materiais de restauração (3M ESPE): Ketak Molar Easymix [KME - cimento de ionómero de vidro convencional (CIV)]; Rely-X luting 2 [RL2 - CIV modificado por resina (RMGIC)]; Vitremer (VIT- RMGIC); e Filtek Z250 [Z250 - controlo negativo]. Concluíram que o RMGIC libertou mais F do que os outros materiais em todos os períodos. A maior libertação de F ocorreu nas primeiras 24 horas .[58]

KETAC Molar:

Houpt Milton, Fuks Anna, Eidelman Eliezer (1994) realizaram um estudo para examinar o sucesso de 9 anos da restauração de resina composta/selante, que usa "selamento para prevenção" de cáries de fissura em vez de "extensão da cavidade para prevenção". Trezentas e trinta e duas restaurações de Classe I foram colocadas nas superfícies oclusais de 240 dentes molares permanentes em 14 crianças com idades entre 6 e 14 anos. Estes resultados demonstraram que a restauração de resina composta/resina selante preventiva produziu excelentes resultados a longo prazo .[59]

S Mickenautsch, J Kopsala, MJ Rudolph, EO Ogunbodede (2000) efectuaram um estudo no qual colocaram 81 restaurações Ketac Molar e 82 restaurações Fuji IX em cavidades de uma só superfície, incluindo o selamento das fissuras, em dentes permanentes de crianças com uma idade média de 10,5 anos. As taxas de sobrevivência num ano foram de 94% para o Ketac Molar e 93% para o Fuji IX; a retenção do selante foi de 76% e 81%, respetivamente .[60]

CJ Holmgren, ECM Lo, DY Hu, HC Wan (2000) relataram dados de três anos num estudo clínico ART na China. Duzentas e sessenta e sete restaurações ART Ketac Molar em 197 crianças com idades entre os 12 e os 13 anos foram avaliadas, em particular quanto à retenção, cáries secundárias e forma anatómica; 65% destas restaurações tinham fissuras oclusais seladas com Ketac Molar e estas foram também avaliadas quanto à retenção e cáries recorrentes. A sobrevivência aos 3 anos foi de 92% e 77%, respetivamente, para restaurações de Classe I pequenas e grandes e 60% para a Classe II .[61]

KT Jang, F Garcia Godoy, KJ Donly, A Segura (2001) avaliaram a capacidade dos materiais de ionómero de vidro para remineralizar lesões de cárie incipientes interproximais adjacentes in vitro. O Ketac Molar resultou numa redução de 20% (sd= 17) na área da lesão em comparação com o Fuji IX a 15% (sd=8) .[62]

E Boeckh Schumacher, A Podbielshi, B Haller B (2002) realizaram um teste que consistiu num ensaio de avaliação que se considerou refletir mais fielmente a situação clínica. No ensaio de avaliação, apenas o Ketac Molar e o ZOE foram capazes de inibir o crescimento bacteriano, tendo os outros materiais testados permitido a proliferação de bactérias. O Ketac Molar também produziu uma inibição significativa do crescimento bacteriano em comparação com o ZOE (óxido de zinco eugenol) .[63]

Carolina da Franca, Viviane Colares, Evert van Amerongen (2011) avaliaram o operador como um fator de sucesso em restaurações de tratamento restaurador atraumático (ART). O estudo consistiu em 271 restaurações de cimento de ionómero de vidro (Ketac Molar, 3M ESPE) colocadas em 246 crianças com idades entre 5 e 9 anos que frequentavam escolas públicas em Recife, Brasil. Os autores concluíram que a taxa de sucesso das cavidades de classe II resultou das restaurações ART[64] .

Selantes de fossas e fissuras:

P Francescut, A Lussi (2006) testaram e compararam 3 procedimentos de fissura diferentes da abordagem não invasiva utilizando um selante convencional não preenchido e um compósito fluido. Concluíram que a correlação entre a penetração do material e a microinfiltração pode ser estatisticamente significativa. A preparação mecânica antes do selamento da fissura não melhorou o desempenho final do selante .[65]

A Azarpazhooh, PA Main (2008) investigaram as evidências dos selantes como forma de prevenir a cárie em crianças e adolescentes. Revisões sistemáticas anteriores sobre este tópico foram utilizadas como base para a presente revisão. Ovid MEDLINE, CINAHL e várias outras bases de dados bibliográficas relevantes foram pesquisadas para artigos em língua inglesa, com sujeitos humanos, publicados de 2000 a 2007. Foi identificado um total de 303 artigos através da pesquisa bibliográfica; a relevância foi determinada através da análise do título e do resumo dos artigos. Trinta e oito estudos de investigação originais preencheram os critérios de inclusão. Estes artigos foram lidos na íntegra e pontuados de forma independente por 2 revisores, tendo sido extraídas evidências para o desenvolvimento de recomendações .[66]

BF Fidalgo, S Maroun, BH de Oliveira (2009) avaliaram o efeito preventivo da cárie de um cimento de ionómero de vidro (CIV) utilizado como selante oclusal em primeiros molares permanentes recentemente irrompidos. Concluíram que o cimento de ionómero de vidro de alta viscosidade pode proporcionar algum nível de proteção contra a cárie dentária quando utilizado como selante dentário em primeiros molares permanentes recém-erupcionados .[67]

RJ Simonsen, RC Neal (2011) analisaram a utilização do selante de fossas e fissuras e centram-se nos aspectos clínicos da aplicação do selante de fossas e fissuras e nas publicações mais recentes que apoiam uma técnica de aplicação clínica baseada em provas. O selante de fossas e fissuras é melhor aplicado em populações de alto risco por auxiliares treinados, utilizando selante autopolimerizável, aplicado sob o dique de borracha ou com alguma técnica alternativa de isolamento de curta duração mas eficaz (por exemplo, Isolite), numa superfície de esmalte que tenha sido limpa e condicionada com ácido fosfórico a 35% durante 15 segundos .[68]

Abrasão por ar:

James C. Hamilton, J B. Dennison, K W. Stoffers, K B Welch (2001) efectuaram um estudo para medir a eficácia do tratamento precoce de lesões incipientes questionáveis com abrasão a ar, em que foram recolhidos 223 dentes, cada um com uma lesão de cárie incipiente em fossa e fissura. A cárie foi definida como maciez, descalcificação ou cavitação na base de uma fossa ou fissura ou evidência radiográfica de cárie. Cada dente foi aleatoriamente atribuído a um grupo de tratamento (n = 113 dentes) ou a um grupo de controlo (n = 110 dentes) (que foi observado mas não tratado até que a definição de cárie fosse cumprida). Cada dente do grupo de tratamento foi submetido a uma abrasão a ar e restaurado com um compósito à base de resina fluida. Os autores reexaminaram os dentes de ambos os grupos de seis em seis meses; avaliaram as restaurações e inspeccionaram os dentes em busca de cáries utilizando radiografias, espelhos e exploradores padronizados. Verificaram que, dos 113 dentes com lesões de cárie incipientes questionáveis, 50 tinham cáries que se estendiam à dentina. Após 12 meses de serviço clínico, houve três selantes que exibiram uma perda parcial do selante que não exigiu qualquer novo tratamento. Duas restaurações com coloração penetrante foram tratadas novamente. No grupo de controlo, ao fim de 12 meses, apenas nove dos 86 dentes recuperados foram diagnosticados com cáries de fossas e fissuras e foram tratados com abrasão a ar e restaurados com compósito à base de resina fluida .[69]

S Rafique, J Fiske, A Banerjee (2003) investigaram se a remoção de cáries com abrasão a ar é uma alternativa aceitável e viável no tratamento de pacientes dentários. Vinte e dois pacientes foram tratados com métodos convencionais (injeção de anestésico local/perfuração) seguidos de tratamento alternativo (abrasão a ar) num contexto de clínica geral, pelo mesmo operador. O resultado do estudo foi que 75% da população estudada estava satisfeita com todos os aspectos da técnica de abrasão a ar, incluindo o pó, a dor/desconforto e as vibrações produzidas. Todos os participantes consideraram o tratamento por abrasão a ar indolor, mais rápido e globalmente mais aceitável do que o tratamento convencional. A conclusão retirada do estudo foi que o tratamento por abrasão a ar era uma alternativa bem aceite e viável à injeção de anestésico local convencional e à broca para os pacientes dentários .[70]

L. L. Peguriera, M.M. Bollab, M.F. Bertrand et al (2004) avaliaram a microinfiltração de um selante de fossa e fissura após preparações clássicas do esmalte (profilaxia seguida de condicionamento ácido isolado e alargamento mecânico com broca) e após abrasão a ar. Noventa terceiros molares recém-extraídos, não cariados, foram distribuídos aleatoriamente por três grupos de 30. Em cada grupo, as metades mesiais das fissuras foram tratadas com abrasão a ar e condicionadas com condicionamento ácido durante 15 s. No grupo 1, as metades distais foram tratadas apenas com condicionamento ácido. No grupo 2, as metades distais das fissuras foram alargadas mecanicamente com uma broca e condicionadas durante 15 s. No grupo 3, as metades distais foram preparadas apenas com abrasão a ar. Em seguida, o selante (Clinpro) foi aplicado nas fissuras oclusais de todos os dentes, de acordo com as recomendações do fabricante. Concluíram que a abrasão pode ser utilizada eficazmente para a preparação do esmalte dentário antes do selamento de fossas e fissuras, se associada a um condicionamento ácido para proporcionar uma superfície adequada que não conduza a microinfiltrações .[71]

K Honda, N Kinoshita, T Abe, M Hasegawa et al (2008) realizaram um estudo com o objetivo de estimar a eficácia de abrasão do dispositivo abrasivo a ar, em particular o novo bocal de jato, para a remoção de dentina cariada. O pó foi fornecido à peça de mão por uma engrenagem rotativa ligada ao motor de controlo do pó. Foram fabricados e avaliados dois tipos de bicos de jato, um do tipo cilindro e outro do tipo corneta. A conduta do bocal tipo corneta tinha um istmo para aumentar a pressão do ar sobre o pó e para o espalhar num fluxo em forma de cone. Os resultados obtidos mostraram que o bocal de jato do tipo corneta apresentava uma capacidade abrasiva mais proeminente. Comparado com o bico de jato cilíndrico, foi assim mais eficaz na remoção da lesão cariosa que permanecia na região subcavada das cavidades .[72]

KW Neuhaus, P Ciucchi, M Donnet, A Lussi (2010) compararam a eficiência da abrasão a ar em cáries de esmalte com pó de esmalte seletivo (SEP) ou com pó de alumina e um grupo de controlo negativo e positivo. Foram selecionados noventa e três molares extraídos com lesões incipientes de esmalte não cavitadas. As lesões foram distribuídas em quatro grupos com um número igual de cáries de esmalte com ou sem envolvimento da dentina. Cada grupo foi tratado de forma diferente: O Grupo 1 recebeu abrasão com SEP, o Grupo 2 recebeu abrasão com alumina, o Grupo 3 recebeu abrasão com bicarbonato de sódio (controlo negativo) e o Grupo 4 recebeu tratamento com broca (controlo positivo). O grupo do SEP mostrou diferenças estatisticamente significativas para cada área em comparação com o grupo da alumina nas cáries de esmalte sem envolvimento da dentina. O SEP teve um desempenho tão bom quanto a alumina e a broca em lesões com envolvimento da dentina. Em termos de tratamento dentário, o SEP parece ter um potencial de diagnóstico para lesões de esmalte antes da intervenção operatória em pacientes com elevado risco de cárie .[73]

A Banerjee, ID Thompson, TF Watson (2011) investigaram a hipótese de trabalho de que a abrasão a ar com vidro bioativo é mais autolimitada do que a alumina para a remoção minimamente invasiva de cáries. Os molares humanos extraídos foram avaliados visualmente utilizando os critérios ICDAS II, divididos em grupos são e cariados e submetidos a abrasão a ar com alumina (n=10) e vidro bioativo (n=10) em cada grupo, utilizando parâmetros operacionais idênticos. A quantidade de esmalte removido foi avaliada de forma semi-quantitativa através de microscopia eletrónica de varrimento. O tempo de funcionamento foi registado. A abrasão a ar do vidro bioativo pareceu mostrar uma tendência auto-limitada significativa para a remoção do esmalte desmineralizado. A airabrasão de vidro bioativo autolimitada pode ser usada clinicamente para limpar os dentes, detetar cáries e preparar minimamente o esmalte cariado como parte do acesso à cárie MI ou da colocação de um selante 74.

LASER:

Terry D.A Myers, William D.A Myers (1985) sugeriram que o laser remove eficazmente detritos e/ou manchas de lesões cariosas incipientes em fossas e fissuras. Investigações anteriores inferiram que os níveis de energia utilizados neste estudo não causariam lesões pulpares nem removeriam o esmalte intacto. Assim, este poderia ser um método melhorado de desbridamento no tratamento de lesões precárias .[75]

J.D.B. Featherstone, D.G.A. Nelson (1987) efectuaram estudos com esmalte e dentina, utilizando radiação laser de CO2 pulsada na região de 9,32-μm a 10,49-μm com densidades de energia na gama de 10 a 50 J.cm-2. Este tratamento com laser provoca a fusão da superfície e a inibição da progressão subsequente da lesão e melhorou significativamente a força de ligação de uma resina composta à dentina, não tendo demonstrado qualquer dano pulpar ou efeito deletério permanente nos tecidos moles .[76]

R Steven, MS Visuri, T. Walsh Joseph, A. Wigdor Harvey (1996) exploraram o efeito do laser de érbio em aplicações de tecidos dentários duros. O laser Er:YAG (λ = 2,94 μm) foi utilizado para ablacionar tecidos dentários duros. Foram medidas as taxas de ablação com e sem um spray de arrefecimento de água. Experiências subsequentes investigaram os efeitos de arrefecimento da água. O seu estudo confirmou a viabilidade da utilização de um laser Er:YAG em conjunto com um spray de água para remover com segurança e eficácia tecidos dentários duros .[77]

L J. Walash (2003) resumiu as principais aplicações actuais e emergentes dos lasers na prática clínica. Uma das principais aplicações de diagnóstico dos lasers de baixa potência é a deteção de cáries, utilizando a fluorescência provocada pela hidroxiapatite ou por subprodutos bacterianos. A fluorescência laser é um método eficaz para detetar e quantificar lesões de cárie oclusais e cervicais incipientes e, com um maior aperfeiçoamento, poderia ser utilizada da mesma forma para lesões proximais. Em combinação com o flúor, a irradiação laser pode melhorar a resistência da estrutura dentária à desmineralização, e esta aplicação é particularmente benéfica para locais susceptíveis em doentes com elevado risco de cárie. A tecnologia laser para a remoção de cáries, preparação de cavidades e cirurgia de tecidos moles encontra-se num elevado estado de aperfeiçoamento, tendo tido várias décadas de desenvolvimento até à atualidade .[78]

CC Chen, ST Huang (2009) compararam um laser de CO_2 , um laser de Nd:YAG e fluoreto de fosfato acidulado (APF) para tratar lesões de cárie incipientes. Cento e sessenta amostras de pré-molares humanos livres de cárie foram imersas em solução de ciclo de pH (pH = 5) durante 2 d para a formação de lesões descalcificadas. De seguida, as amostras de dentes foram divididas aleatoriamente em oito grupos e as lesões foram tratadas utilizando as diferentes modalidades: um grupo de controlo, um grupo APF apenas, um grupo APF = laser de Nd: YAG e APF = laser de CO_2, um grupo laser de Nd:YAG = APF, um grupo laser de CO_2 = APF, um grupo apenas laser de CO_2 e um grupo apenas laser de Nd:YAG. A densidade de energia definida para os dois tipos de lasers foi de 83,33 J/cm^2 . A microscopia eletrónica de varrimento (SEM) foi utilizada para avaliar as alterações morfológicas e a microscopia de luz polarizada (PLM) foi utilizada para avaliar as alterações ópticas das lesões. Concluíram que o uso de laser e flúor no esmalte descalcificado parece aumentar a resistência ácida do esmalte, e os efeitos do laser foram melhores do que os do tratamento com flúor .[79]

Yashar Rezaei, Hossein Bagheri, Maryam Esmaeilzadeh (2011) realizaram um estudo com o objetivo de rever os estudos sobre a utilização da irradiação laser na inibição de lesões de cárie e a eficácia de diferentes tipos de laser comerciais (Nd: YAG, CO2 e árgon). Verificaram que a irradiação laser, por si só, pode aumentar significativamente a resistência ácida das superfícies de esmalte sólidas e prevenir a progressão da cárie. A utilização do laser de árgon pode ser mais fácil do ponto de vista clínico devido ao seu diâmetro de feixe grande e visível, que permite a irradiação de toda a superfície do dente em vez do padrão de sobreposição e demorado do laser de CO_2.[80]

Ozono:

G D Rickard, R Richardson, T Johnson, D McColl (2004) realizaram um estudo para avaliar se o ozono é eficaz em parar ou reverter a progressão da cárie dentária. Eles concordaram que há uma necessidade fundamental de mais evidências de rigor e qualidade apropriados antes que o uso do ozono possa ser aceite nos cuidados dentários primários ou possa ser considerado uma alternativa viável aos métodos actuais de gestão e tratamento da cárie dentária .[81]

A Baysan, E Lynch (2005) compilaram revisões de usos terapêuticos do ozono até à data e sugerem as suas possíveis aplicações clínicas futuras. A procura deste forte oxidante por parte dos consumidores pode aumentar à medida que o público em geral se torna cada vez mais consciente da sua capacidade terapêutica e da forma não invasiva como pode ser administrado .[82]

S Stubinger , R Sader , A Filippi (2006) analisaram um artigo com o objetivo de fornecer uma visão geral das aplicações actuais do ozono na medicina dentária e cirurgia oral. A pesquisa foi baseada em fontes revistas por pares encontradas através de uma pesquisa Medline/ PubMed e outros livros de texto, revisões e revistas .[83]

A. Azarpazhooh, H. Limeback (2008) realizaram um estudo para rever sistematicamente a aplicação clínica e o potencial de remineralização do ozono na medicina dentária e para resumir as aplicações in vitro disponíveis do ozono na medicina dentária. O resultado dos seus estudos mostra boas evidências da biocompatibilidade do ozono com células epiteliais orais humanas, fibroblastos gengivais e células periodontais; evidências contraditórias da eficácia antimicrobiana do ozono, mas algumas evidências de que o ozono é eficaz na remoção de microrganismos das linhas de água da unidade dentária, da cavidade oral e das próteses; Evidências contraditórias para a aplicação de ozono em endodontia e boas evidências da aplicação profilática de ozono em dentisteria de restauração antes do condicionamento e da colocação de selantes e restaurações dentárias - num estudo in-vitro .[84]

Materiais inteligentes: Compômeros:

G. Vermeersch. G. Leloup, J. Vreven (2001) mediram a libertação de flúor a curto e longo prazo de 16 produtos (7 GIC convencionais, LC GIC, 2 Compômeros, 2 Compósitos de resina) A libertação de flúor foi avaliada após diferentes intervalos. A ligação entre a libertação de flúor e uma reação ácido-base parece confirmar-se neste estudo .[85]

M Yildiz, AYZ Bayindir, Erzurum (2004) examinaram a libertação de flúor de dois cimentos de ionómero de vidro (Aqua Ionofil e Ceramfil β) e de duas resinas compostas modificadas com poliácidos ou compómeros (Hytac e Dyract AP) em água desionizada durante diferentes períodos de tempo. Nove espécimes cilíndricos (2,5 x 8,5 mm) de cada material foram preparados e deixados em repouso em água desionizada e a libertação de flúor foi analisada pelo método colorimétrico de Alizarina no 1°, 7°, 30° e 120° dias. Concluíram que a maior quantidade de flúor foi libertada pelo glassionomer convencional Ceramfil β, e a menor quantidade pelo compómero Dyract .[86]

SM Mousavinasab, Ian Meyers (2009) mediram as quantidades de flúor libertadas de materiais que contêm flúor, cimentos de ionómero de vidro convencionais, compómero e um giómero. Foram preparados vinte espécimes cilíndricos de cada material e a quantidade de fluoreto libertado foi medida durante a primeira semana e nos dias 14 e 21, utilizando um elétrodo de fluoreto específico e um analisador de iões. Concluíram que o CIV convencional liberta maiores quantidades de fluoreto em comparação com os compómeros e os giómeros .[87]

Giomers:

VV Gordon, E Mondragon, RE Watson (2007) efectuaram uma avaliação clínica do giomer após 8 anos. Verificaram que os dentes restaurados com giómero não apresentam cáries secundárias nem sensibilidade pós-operatória .[88]

K S Dhull, B Nandlal (2009) determinaram a libertação de fluoreto do Giomer e do Compomer utilizando diferentes regimes e compararam a quantidade de libertação de fluoreto. 48 espécimes de ambos os grupos foram divididos em 4 grupos: Controlo, fluoretado uma vez por dia, fluoretado duas vezes por dia e dentifrício fluoretado + colutório fluoretado. Verificou-se que a libertação de flúor (ppm) foi maior no grupo do giómero do que no grupo do compómero .[89]

Infiltração de cáries:

S. Paris, H. Meyer-Lueckel, A.M. Kielbassa (2007) efectuaram um estudo para avaliar a penetração de um adesivo convencional em cáries de esmalte natural após pré-tratamento com dois géis de condicionamento diferentes *in vitro.* Molares e pré-molares humanos extraídos que apresentavam lesões de manchas brancas proximais foram cortados ao longo das lesões, perpendicularmente à superfície, e foram condicionados com gel de ácido fosfórico a 37% (H3PO4) ou gel de ácido clorídrico a 15% (HCl) durante 120 segundos, e subsequentemente infiltrados com um adesivo. Concluíram que o condicionamento com gel de ácido clorídrico a 15% é mais adequado do que o gel de ácido fosfórico a 37% como pré-tratamento para lesões de cárie destinadas a serem infiltradas .[91]

Jeong-Hye Son, Bock Hur, Hyeon-Cheol Kim, Jeong-Kil Park (2011) compararam a eficácia da técnica de infiltração de resina (Icon, DMG) com a microabrasão (Opalustre, Ultradent Products) no tratamento de lesões de manchas brancas. Verificaram que a técnica de infiltração de resina parece ser mais eficaz do que a microabrasão e concluíram que a técnica de infiltração de resina pode ser escolhida preferencialmente para o tratamento de lesões de manchas brancas .[92]

Shin Kim, Eun-Young Kim, Tae-Sung Jeong, Jung-Wook Kim (2011) realizaram um estudo com o objetivo de avaliar clinicamente a eficácia do mascaramento de lesões de mancha branca do esmalte utilizando uma técnica de infiltração de resina que foi recentemente desenvolvida para deter cáries incipientes num conceito micro-invasivo. Vinte dentes com Defeito de Desenvolvimento do Esmalte (DDE) e 18 dentes com Descalcificação Pós-Ortodôntica (DPO) foram selecionados e tratados com infiltração de resina. Os resultados foram classificados em três grupos: completamente mascarados, parcialmente mascarados e inalterados. Entre os 20 dentes com DDE, cinco dentes (25%) foram classificados como completamente mascarados, enquanto sete (35%) e oito dentes (40%) foram parcialmente mascarados e inalterados, respetivamente. Entre os 18 dentes com POD, 11 dentes (61%) estavam completamente mascarados, seis dentes (33%) estavam parcialmente mascarados e um dente (6%) estava inalterado. Em alguns dentes, o resultado foi melhorado após 1 semana do que imediatamente após a infiltração .[93]

4. AVALIAÇÃO DO RISCO DE CÁRIE-

É a determinação da probabilidade da incidência de cáries (ou seja, o número de novas lesões cavitadas ou incipientes) durante um determinado período de tempo. A avaliação do risco de cárie também envolve a probabilidade de haver uma mudança no tamanho ou na atividade das lesões já presentes. Com a capacidade de detetar a cárie nas suas fases mais precoces (ou seja, lesões de manchas brancas), os prestadores de cuidados de saúde podem ajudar a prevenir a cavitação.[93] A Avaliação do Risco de Cárie ajuda na gestão clínica da cárie para:

1. Categorizar o nível de risco do paciente de desenvolver cáries para controlar a intensidade do tratamento efectuado.
2. Identificar os principais factores etiológicos que contribuem para o desenvolvimento da cárie e, assim, determinar a forma adequada de terapia.
3. Ajudar nas decisões relativas ao tratamento de restauração (por exemplo, escolha do material de restauração).
4. Melhorar o prognóstico dos cuidados terapêuticos planeados.
5. Fornecer informações sobre os testes de diagnóstico e de rastreio adicionais necessários.
6. Educar e motivar os pacientes para melhorar e manter uma saúde oral óptima.[94]
7. Orientar o calendário das marcações de recolha subsequentes .[94]

1. Instrumentos de avaliação do risco de cárie (CAT):

Nos modelos multivariáveis de risco de cárie podem ser utilizados dois tipos de variáveis: factores de risco e indicadores de risco ou, por vezes, denominados factores etiológicos e não etiológicos, respetivamente[95] . Esta ferramenta foi baseada num conjunto de factores físicos, ambientais e de saúde geral e pretendia ser um instrumento dinâmico que seria avaliado e revisto periodicamente à medida que novas evidências o justificassem[93] . Os modelos de avaliação do risco de cárie envolvem atualmente uma combinação de factores que são enumerados a seguir .[96]

1. Estrutura, química e anatomia dos dentes: Inclui a solubilidade do esmalte, o teor e a distribuição de flúor, as áreas retentivas (presença de fissuras profundas), a forma e a disposição dos dentes, o número de dentes, a oclusão.

2. Factores biológicos e bioquímicos: Inclui a localização e composição da placa bacteriana (estreptococos mutans, lactobacilos, oligoelementos, flúor), quantidade de placa bacteriana (higiene oral), taxa de formação de placa bacteriana, atividade microbiológica (produção de ácido), polissacáridos intracelulares e extracelulares. Um milhão de *estreptococos* mutans/ml de saliva é um valor de risco que conduz à cavitação.

3. Factores salivares: Inclui a depuração oral, a capacidade de tamponamento, factores imunológicos e antibacterianos. A taxa de secreção salivar e a capacidade tampão têm um papel importante na avaliação do risco de cárie.

4. Dieta: Inclui a quantidade e frequência de ingestão de produtos cariogénicos, ingestão de fluoretos e outros oligoelementos. Com uma dieta adequada e a administração de flúor, o risco será consideravelmente baixo.

5. Epidemiologia e demografia: Inclui experiência de cárie ou incremento em dentes decíduos ou permanentes, localização de lesões ou cáries incipientes, experiência de cárie na família, situação da cárie em relação à idade, sexo, estatuto socioeconómico, grupo étnico.

6. Condições sistémicas: Inclui doenças que podem influenciar direta ou indiretamente as condições de saúde oral.

Para além dos factores acima mencionados, existem diferentes indicadores de cárie que causam a doença diretamente (por exemplo, microflora) ou que se revelaram um indicador útil (por exemplo, estatuto socioeconómico). Inclui experiência anterior de cárie, exposição futura ao flúor e imigração[97] . Além disso, a diretriz actualizada da Academia Americana de Odontopediatria (AAPD) "Política de utilização do CAT" de 2006 destina-se a educar os prestadores de cuidados de saúde sobre a avaliação do risco de cárie na odontopediatria contemporânea e a ajudar na tomada de decisões clínicas relativamente ao diagnóstico, fluoreto e dieta, com o conceito adicional de protocolos de gestão, tal como mencionado na Tabela no. 1.

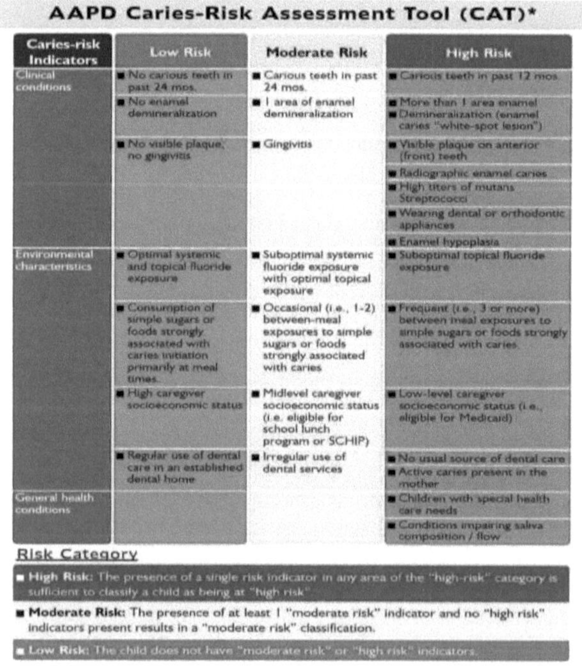

AAPD Caries-Risk Assessment Tool (CAT)*

Caries-risk Indicators	Low Risk	Moderate Risk	High Risk
Clinical conditions	■ No carious teeth in past 24 mos.	■ Carious teeth in past 24 mos.	■ Carious teeth in past 12 mos
	■ No enamel demineralization	■ 1 area of enamel demineralization	■ More than 1 area enamel ■ Demineralization (enamel caries "white-spot lesion")
	■ No visible plaque, no gingivitis	■ Gingivitis	■ Visible plaque on anterior (front) teeth
			■ Radiographic enamel caries
			■ High titers of mutans Streptococci
			■ Wearing dental or orthodontic appliances
			■ Enamel hypoplasia
Environmental characteristics	■ Optimal systemic and topical fluoride exposure	■ Suboptimal systemic fluoride exposure with optimal topical exposure	■ Suboptimal topical fluoride exposure
	■ Consumption of simple sugars or foods strongly associated with caries initiation primarily at meal times	■ Occasional (i.e., 1-2) between-meal exposures to simple sugars or foods strongly associated with caries	■ Frequent (i.e., 3 or more) between meal exposures to simple sugars or foods strongly associated with caries
	■ High caregiver socioeconomic status	■ Midlevel caregiver socioeconomic status (i.e. eligible for school lunch program or SCHIP)	■ Low-level caregiver socioeconomic status (i.e., eligible for Medicaid)
	■ Regular use of dental care in an established dental home	■ Irregular use of dental services	■ No usual source of dental care
			■ Active caries present in the mother
General health conditions			■ Children with special health care needs
			■ Conditions impairing saliva composition / flow

Risk Category

■ **High Risk:** The presence of a single risk indicator in any area of the "high-risk" category is sufficient to classify a child as being at "high risk"

■ **Moderate Risk:** The presence of at least 1 "moderate risk" indicator and no "high risk" indicators present results in a "moderate risk" classification.

■ **Low Risk:** The child does not have "moderate risk" or "high risk" indicators.

Tabela no. 1 Instrumentos de avaliação do risco de cárie da AAPD

Para além do CAT, o domicílio dentário ou os cuidados periódicos regulares prestados pelo mesmo profissional estão incluídos em muitos modelos de avaliação do risco de cárie devido ao seu conhecido benefício para a saúde dentária. (Guideline on Caries-risk Assessment and Management for Infants, Children, and Adolescents) .[94]

Cariograma:

Outra ajuda na avaliação do risco de cárie é a introdução do Cariograma por Brathall em 1994. Foi originalmente concebido como um modelo educacional com o objetivo de demonstrar a etiologia multifatorial da cárie dentária de uma forma simples[98] . Trata-se de uma imagem gráfica que ilustra as interações dos factores relacionados com a cárie e o perfil de risco global do paciente. No início, foi dividido em 3 sectores; cada gráfico de pizza representa um fator que influencia fortemente a atividade cariosa: Dieta, Bactérias e Suscetibilidade. Com base neste modelo, foi desenvolvido em 1999 um programa informático interativo, cujas alterações incluíram a adição de mais duas secções - "circunstâncias" e "possibilidade de evitar a cárie"[99] .

O gráfico de pizza tem as seguintes cores, como mostra a Figura n.º 2:

1. O sector azul escuro "Dieta" baseia-se numa combinação do conteúdo da dieta e da frequência da dieta.
2. O sector vermelho "Bactérias" baseia-se numa combinação da quantidade de placa bacteriana e de *estreptococos mutans*.
3. O sector azul claro "suscetibilidade" baseia-se numa combinação de programa de flúor, secreção de saliva e capacidade tampão da saliva.
4. O sector amarelo "Circunstâncias" baseia-se numa combinação de experiência de cárie e doenças relacionadas.
5. O sector verde mostra uma estimativa da "possibilidade de evitar cáries".

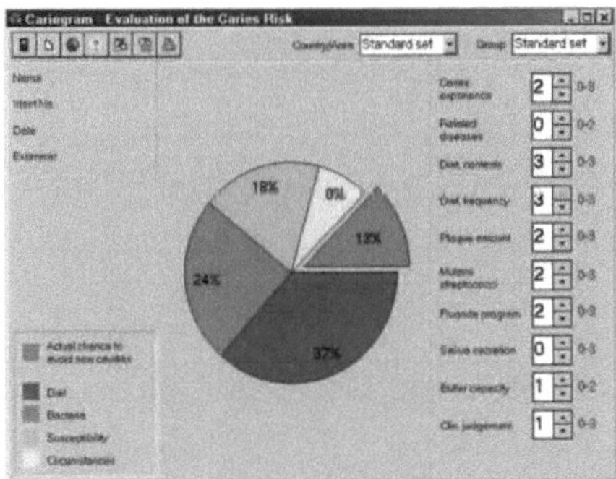

Figura n.º 2 Gráfico circular do cariograma com código de cores

O cariograma contém um algoritmo que apresenta uma análise "ponderada" dos dados de entrada, principalmente factores biológicos. Exprime em que medida os diferentes factores etiológicos da cárie afectam o risco de cárie de um determinado indivíduo e fornece estratégias específicas para esses indivíduos .[100]

A tabela n.º 2 seguinte mostra os diferentes factores necessários para criar um cariograma:

Factores*	Comentário	Informações/dados necessários
Experiência de cárie	Experiência anterior de cárie, incluindo cáries, obturações e dentes perdidos devido a cáries. O aparecimento definitivo de várias novas cáries durante o ano anterior deve dar uma pontuação elevada, mesmo que o número de obturações seja baixo	DMFT, DMFS, experiência de novas cáries no último 1 ano
Doenças relacionadas	Doenças ou condições gerais associadas à cárie dentária	História clínica, medicamentos
Dieta, conteúdo	Estimativa da cariogenicidade dos alimentos, nomeadamente do teor de açúcar	Historial alimentar, contagem de lactobacilos
Dieta, frequência	Estimativa do número de refeições e lanches por dia, média para "dias normais	Resultados do questionário, recordação de 24 horas ou recordação da dieta (3 dias)
Quantidade de placa	Estimativa da higiene, por exemplo	Índice de placa
	de acordo com o índice de placa de Silness-Loe (PI). Devem ser tidos em conta os dentes apinhados que dificultam a remoção da placa interproximal	
Estreptococos mutans	Estimativa dos níveis de *estreptococos mutans* (*Streptococci mutans, Streptococci sorbinus)* na saliva, por exemplo, utilizando o teste Strip mutans	Teste de tira de mutans ou outros testes laboratoriais com resultados comparáveis
Programa de fluoretos	Estimativa da quantidade de fluoreto disponível na cavidade oral durante o próximo período de tempo	Exposição ao flúor, entrevistar o doente

Secreção de saliva	Estimativa da quantidade de saliva, por exemplo, utilizando a secreção estimulada por parafina e expressando os resultados em milímetros de saliva por minuto	Estimular a taxa de secreção de saliva
Saliva Capacidade tampão	Estimativa da capacidade da saliva para tamponar ácidos, por exemplo, utilizando o	Teste dentário ou outro teste laboratorial que forneça
	Teste Dentobuff	resultados comparáveis

* Para cada fator, o examinador tem de recolher informações através da reunião e do exame do doente, incluindo algumas análises à saliva. A informação é então classificada numa escala de 0 a 3 (0-2 para alguns factores) de acordo com critérios pré-determinados. A pontuação "0" é o valor mais favorável e a pontuação máxima "3" (ou "2") indica um valor de risco elevado e desfavorável.

Quadro n.º 2: Factores para o cariograma Modelo

Assim, pode dizer-se que:

> O modelo é acessível, fácil de utilizar e de compreender por qualquer pessoa.

> Os testes necessários podem ser facilmente efectuados pelo pessoal dentário e avaliados.

> O modelo pode ser utilizado como uma ferramenta para motivar o doente e pode também servir de apoio à tomada de decisões clínicas .[94]

5. DIAGNÓSTICO/DETECÇÃO DE CÁRIES-

Se a cárie for detectada nas fases iniciais, a sua progressão pode ser travada, evitando uma intervenção cirúrgica mais invasiva. Para um diagnóstico exato, foram incorporados vários métodos que se encontram listados abaixo .[10]

(I) . Métodos convencionais:

1. Método clínico-visual
2. Método tátil
3. Método radiográfico: Radiografia digital e Xeroradiografia

(II) . Métodos avançados:

1. Transiluminação por fibra ótica
2. Imagem digital transiluminação de fibra ótica
3. Sistema de condutância eléctrica
4. Fluorescência quantitativa da luz
5. Fluorescência laser - DIAGNOdent
6. Corantes para detectores de cáries
7. Ultrassom
8. Luminescência laser
9. Monitor ótico de cáries

Métodos in vitro:

- Medições de um único dente:

S Análise química

S Ensaio de microdureza em corte transversal

S Microscopia de luz polarizada

S Micro-radiografia transversal tradicional (TMR)

S Análise por microssonda

- Métodos para medições sequenciais em placas de dentes:

S Absorbitometria de iodo

S Micro-radiografia longitudinal

S Dispersão da luz

S Microdureza da superfície [98]

1) . Exame convencional:

1. Método visual: O exame visual da cárie engloba a utilização de critérios como a deteção de manchas brancas, descoloração e cavitação franca.[98] No exame visual da lesão cariosa, o esmalte torna-se opaco (macroscopicamente), porque o esmalte poroso dispersa a luz mais do que o esmalte sólido (ten Bosch, 1996). Além disso, o índice de refração do ar, da água e da hidroxila é diferente,

por isso, uma lesão incipiente específica requer secagem ao ar, tal como mencionado na Tabela nº. 3. O exame histológico das secções do solo confirmou um nível mais elevado de porosidade e uma penetração mais profunda da lesão no esmalte em lesões visíveis sem serem secas ao ar (Thylstrup et al 1994)[101] Para o diagnóstico clínico visual, são necessários os seguintes requisitos: separação e isolamento do dente, olho aguçado e ampliação.

Pontuação	Critérios
0	Nenhuma ou ligeira alteração na translucidez do esmalte após secagem prolongada ao ar (>5s)
1	Opacidade ou descoloração dificilmente visível na superfície húmida, mas nitidamente visível após secagem ao ar
2	Opacidade ou descoloração nitidamente visível sem secagem ao ar
3	Quebra localizada do esmalte em esmalte opaco ou descolorido & ou descoloração acinzentada da dentina subjacente
4	Cavitação em esmalte opaco ou descolorido expondo a dentina

Tabela no. 3: Critérios de pontuação do exame visual (Ekstrand et al 1998)

Esta técnica implica a aplicação de um separador elástico ortodôntico durante alguns dias à volta das áreas de contacto das superfícies a diagnosticar, após o que a visibilidade das superfícies aproximadas melhora um pouco e o espaço criado permite a utilização suave de uma sonda afiada. A inspeção visual é um método não invasivo de deteção de cáries em superfícies dentárias acessíveis e, para o exame clínico, é simples, rápido e económico .[102]

2. Método tátil: O explorador, o fio dental e a sonda afiada foram utilizados para exames tácteis do dente e as variedades de explorador utilizadas foram:

1. Sonda de ângulo reto (n.º 6)
2. Sonda de ação inversa (n.º 17)
3. Báculo de pastor (n.º 23)
4. Extremidades curvas do corno de vaca (n.º 2)

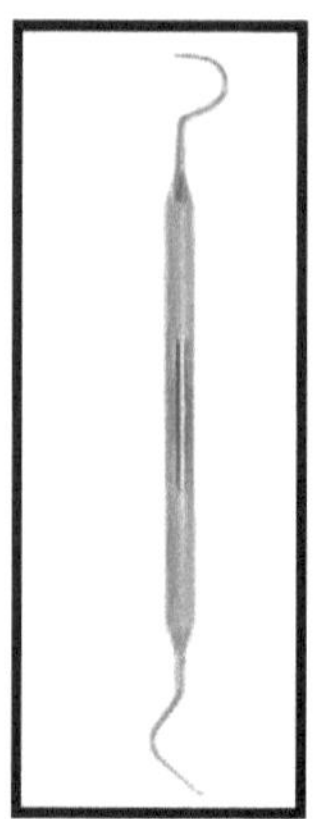
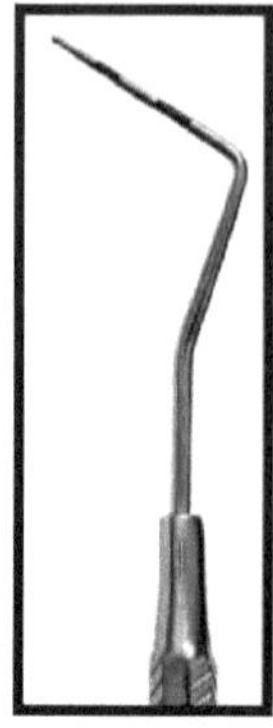
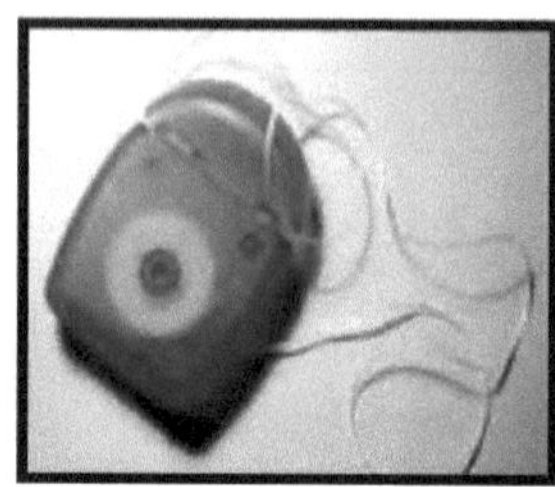

Figura no. 3 Dental Explorer Especificação ADA 17#23, Sonda CPITN, Dental

Ao longo dos anos, o explorador tem sido utilizado em locais susceptíveis, passando em fossas e fissuras para detetar qualquer amolecimento ou captura (Black 1934), quaisquer alterações marginais (Simon 1956), ou pressionando a ponta do explorador para penetrar na lesão cariosa, o que leva a um diagnóstico definitivo (Marzouk 1985). A ligação mecânica do explorador dependerá da forma, nitidez, força e trajetória de colocação do explorador, o que pode levar a uma técnica de captura em lesões não cariosas (Gilmore 1982). Um explorador pode detetar defeitos através da ação de puxar para trás (Sturdevant 1985). A utilização do explorador é condenada porque causa danos físicos a pequenas lesões com superfícies intactas ou a sondagem pode levar a fratura e cavitação na lesão incipiente e pode espalhar o organismo na boca[25] . De acordo com a avaliação da saúde oral da OMS (1997), a sonda CPI deve ser utilizada para confirmar a evidência visual de cáries nas superfícies oclusal, bucal e lingual[30] . A utilização do fio dental é também um complemento à sensação tátil para a deteção de cáries Pickard (1961) e é recomendada quando existe um historial de alojamento de alimentos entre os dentes[98] como mostra a figura no. 3.

3. Avaliação radiográfica: As radiografias têm um papel único na deteção precoce de cáries. Uma vez que o processo carioso resulta em desmineralização, a área afetada torna-se mais radiolúcida devido a uma maior exposição, uma vez que atenua menos a radiação do que a porção não afetada do dente[98] . As radiografias convencionais mais frequentemente utilizadas são as IOPA (radiografias periapicais intra-orais) oclusais para a deteção de cáries incipientes. Devido à sua maior resolução e maiores detalhes de imagem, as radiografias intra-orais são geralmente superiores para a deteção de cáries, especialmente para lesões cariosas incipientes e ocultas.[104] Mas a representação 2D de uma imagem pode causar a sobreposição de imagens .[98]

Critérios de diagnóstico radiográfico:[98]

Os critérios mais comummente utilizados para avaliar radiograficamente a profundidade da lesão de cárie aproximal são mencionados na Tabela 4:

Pontuação	Critérios
R 0	Sem radiolucência visível
R 1-2	Radiolucência no esmalte até ao limite esmalte-dentina
R 3	Radiolucência com um limite esmalte-dentina quebrado, mas sem progressão óbvia na dentina
R 4	Radiolucência com propagação óbvia na metade externa da dentina
R 5	Radiolucência na metade interna da dentina

Tabela no.4: Critérios de diagnóstico radiográfico

Avanços:

1) . RADIOGRAFIA DIGITAL: Nesta técnica, é utilizado um sensor digital em vez de uma película convencional e a imagem radiográfica é armazenada num computador, o que permite a utilização de meios informáticos, tais como a possibilidade de melhorar e processar imagens e enviar imagens para colegas .[105]

Vantagens: A A exposição à radiação é baixa, tempos de trabalho mais curtos, ausência de processamento em câmara escura, melhoramento e processamento digital, fácil armazenamento de imagens, comunicação em rede .[104]

2) . XERORADIOGRAFIA: Esta técnica utiliza o processo de cópia xerográfica de uma estática foto-eléctrica para registar imagens produzidas por métodos de diagnóstico. Não requer a utilização de processamento húmido dos receptores de imagem .[105]

11) . AVANÇOS-

1. Transiluminação por fibra ótica (FOTI): A FOTI foi introduzida por Friedman & Marcus em 1970 para a deteção de lesões cariosas. Permite uma fonte de luz fria e de alta intensidade para iluminar o tecido cariado que, devido à sua porosidade, dispersa a luz e o esmalte aparece como uma área opaca e branca na inspeção visual, tal como referido na Figura 4. Este dispositivo é normalmente portátil, não invasivo e fácil de utilizar, mas não é quantitativo .[105]

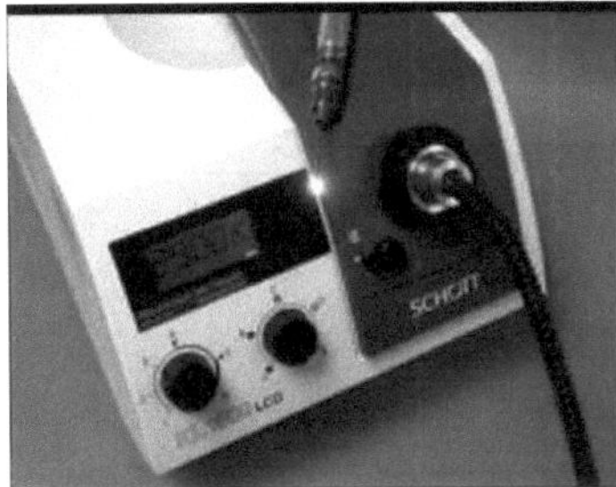

Figura no. 4: Equipamento FOTI com ponta e fonte de luz operacional

<u>Princípio:</u> Baseia-se no índice diferente de transmissão de luz para dentes cariados e sãos. Uma vez

que a cárie dentária tem um índice de transmissão de luz mais baixo do que a estrutura do dente saudável, uma área de cárie aparece como uma sombra escurecida que segue a cárie ao longo do trajeto dos túbulos dentinários .[105]

Vantagens: Simples, confortável para o doente, procedimento não invasivo e pode ser efectuado com uma fonte de luz cirúrgica já disponível na clínica geral .[105]

Limitação: pode ser utilizado para superfícies aproximadas; as superfícies secundárias não podem ser diagnosticadas.

2. Transiluminação por fibra ótica digital: Foi introduzida uma versão digital da técnica acima referida, designada Digital Fiber Optic Trans-illumination (DIFOTI), que pode ser arquivada e avaliada em recordatórios[106] . A técnica inclui uma luz que se propaga da fibra ótica através do dente para uma superfície não iluminada (normalmente a superfície oposta)[104] . Na DIFOTI, as imagens são adquiridas por uma câmara CCD eletrónica digital, que produz imagens digitais que podem ser visualizadas em tempo real, como mostra a Figura no. 5. A DIFOTI tem o potencial não só de detetar lesões precoces, mas também de monitorizar a evolução das lesões .[104]

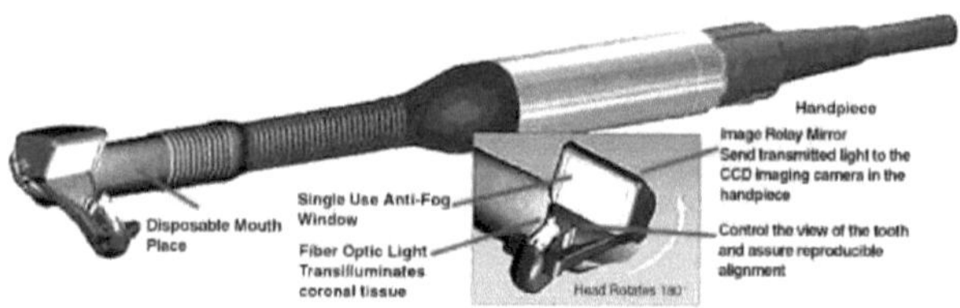

Figura no. 5: Ferramenta DIFOTI com a boca descartável, janela anti-embaciamento, espelho de apoio à imagem, controlo, peça de mão

Existe uma diferença entre a projeção radiográfica e a projeção DIFOTI. Normalmente, a cárie dentária dispersa e absorve mais luz do que o tecido saudável circundante. Na projeção DIFOTI, a cárie junto à superfície fotografada aparece como uma área mais escura contra o fundo mais translúcido e brilhante ou a área circundante, conforme mencionado na figura n.º 6. 6.

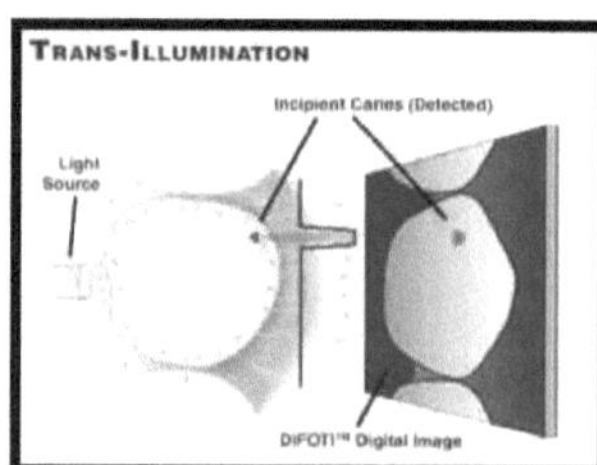

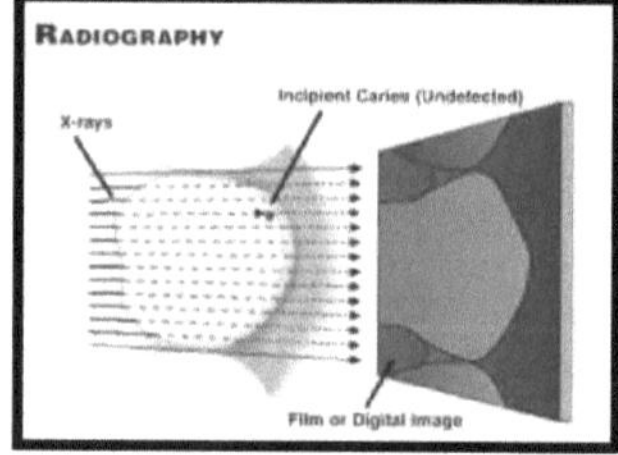

Figura nº 6: Comparação da projeção radiográfica e DIFOTI Verldonschot et al (1992), num estudo in vivo, detectaram clinicamente cáries incipientes e concluíram que a FOTI tem uma especificidade mais elevada do que o exame clínico .[25]

3. Sistema de condutância eléctrica: Cada material possui a sua própria condutância eléctrica, por exemplo, a dentina é mais condutora do que o esmalte devido à sua estrutura tubular. Nos sistemas dentários, existe geralmente uma sonda, a partir da qual é passada a corrente, um substrato, normalmente o dente, e um contra-electrodo, normalmente uma barra metálica segura na mão do paciente. As medições podem ser efectuadas em superfícies de esmalte ou de dentina exposta.

Existem 2 métodos eléctricos: a) Monitor eletrónico de cáries

b). Cariómetro

C.M Pine , J.J ten Bosch (1996) analisaram e discutiram a dinâmica das lesões cariosas e os métodos de diagnóstico para a sua deteção e concluíram que os métodos de resistência eléctrica podem dar um contributo significativo para o diagnóstico de cáries incipientes no futuro .[26]

a) . Monitor eletrónico de cáries (ECM): O dispositivo ECM utiliza corrente alternada e mede a resistência do tecido dentário .[107]

A porosidade das lesões de cárie é preenchida por fluidos com elevadas concentrações de iões provenientes do ambiente oral, o que diminui a resistência eléctrica ou impedância mais do que os tecidos dentários sãos. A ECM utiliza uma sonda que é aplicada num local oclusal e o dispositivo mostra um número que traduz a resistência eléctrica do local. Um número mais elevado indica lesões cariosas mais profundas, como mostra a figura no. 7

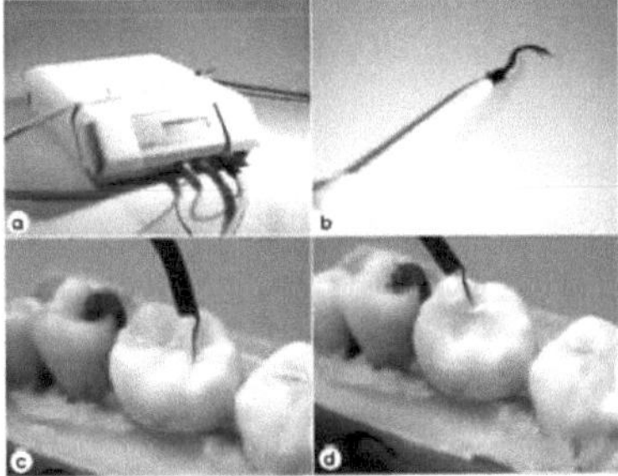

Figura no. 7: Equipamento e técnica ECM para remoção de lesão cariosa oclusal

No que respeita à validade, tem uma sensibilidade elevada em relação aos métodos convencionais na deteção de lesões cariosas oclusais .[105]

b) . Cariómetro: O cariómetro 800 (protótipo CRM) é um instrumento muito mais simples, que utiliza uma breve secagem ao ar antes da medição em vez da secagem por fluxo de ar coxial. Isto permite que o instrumento faça um varrimento das fissuras em vez de efetuar medições em vários locais. Mede os instrumentos a uma frequência mais elevada do que o ECM, como mostra a figura no. 8.

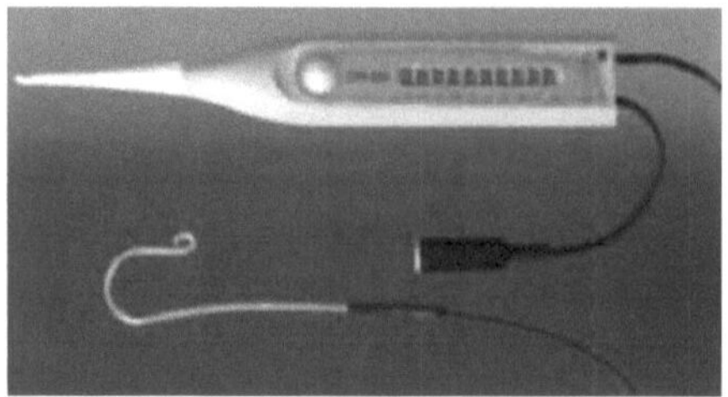

Figura no. 8: Cariómetro, um dispositivo de medição de condutividade eléctrica controlado por amperagem; Protótipo, Gente 1999

4. Fluoroscência: A utilização da fluorescência para a deteção de cáries remonta a 1939, quando Benedict observou que os dentes normais fluoresciam sob iluminação ultravioleta. Quando se utiliza luz monocromática a 350, 410 e 530 nm em dentes cariados e não cariados. Nas lesões cariosas, os espectros de emissão deslocam-se para mais de 540 nm, ou seja, para a gama vermelha do espetro eletromagnético. Afirmaram que quando o esmalte é iluminado com luz na gama azul-verde, a fluorescência observável ocorre na gama verde-amarela.[98] . Recentemente, verificou-se que o tecido cariado, quando iluminado com luz laser de árgon, dá uma aparência clínica de cor escura, ardente e vermelho-alaranjada.

Fluorescência quantitativa induzida por luz (QLF): É o primeiro método baseado na fluorescência introduzido que permite a deteção precoce da desmineralização do esmalte em comparação com outros métodos. Um dispositivo QLF utiliza uma lâmpada de halogéneo de alta intensidade, que emite uma luz azul (370 nm) para excitar o dente. Quando expostos a uma luz com este comprimento de onda, os tecidos dentários emitem uma fluorescência (no espetro verde), que é detectada pelo sistema, e a imagem é registada num computador. A perda de minerais nos dentes provoca neste dente uma diminuição da fluorescência .[107]

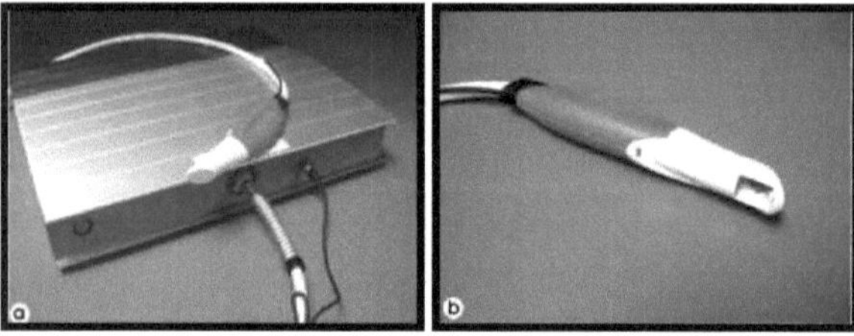

Figura no. 9 Caixa da unidade QLF, com peça de mão e guia de líquido, câmara intra-oral

Equipamento QLF: (a). Caixa de luz da unidade QLF, demonstrando a peça de mão e o guia de luz líquida

(b). Uma vista de perto da câmara intra-oral com uma ponta de espelho descartável que também funciona como proteção contra a luz ambiente, como mostra a figura n.º 9.

Fausto Medeiros Mendes (2004) analisou e avaliou o desempenho da fluorescência laser (LF) na monitorização e quantificação de lesões de cárie incipientes de superfície lisa em dentes decíduos e concluiu que esta era boa na deteção de lesões de cárie artificiais em dentes decíduos .[108]

6. DIAGNOdent: O instrumento DIAGNOdent (Kavo, Alemanha) é outro dispositivo que utiliza a fluorescência para detetar a presença de cáries. Lussi et al (1998) desenvolveram um novo sistema de fluorescência a laser e descobriram que o sistema pode ser um instrumento útil na deteção de cáries, designado por DIAGNOdent. Este sistema foi patenteado pela KaVo (1999). Utilizando um pequeno laser, o sistema produz um comprimento de onda de excitação de 655nm, uma luz vermelha. Este sistema tem um intervalo de -9 a 99, sendo (-9) o valor em que o dente é mais saudável. É útil na deteção precoce de lesões pré-cavitadas e na determinação da quantidade de envolvimento carioso de diferentes áreas do mesmo dente.[104] O DD não produz uma imagem do dente; em vez disso, apresenta um valor numérico em 2 ecrãs LED. Uma pequena torção da parte superior da ponta permite que a máquina seja reiniciada e esteja pronta para outro exame no local e é fornecido um dispositivo de calibração com o sistema.

Princípio: Trata-se de um dispositivo de fluorescência quantitativa a laser de díodo, alimentado por uma bateria e instalado numa cadeira. A unidade emite luz com um comprimento de onda de 655 nm a partir de um feixe de fibras ópticas direcionado para a superfície oclusal de um dente.[104] A estrutura cariada do dente apresenta uma fluorescência proporcional ao grau de cárie, resultando em leituras de escala elevadas no ecrã. Um sinal áudio permite ao operador ouvir as alterações no valor da escala, como mostra a figura no. 10.

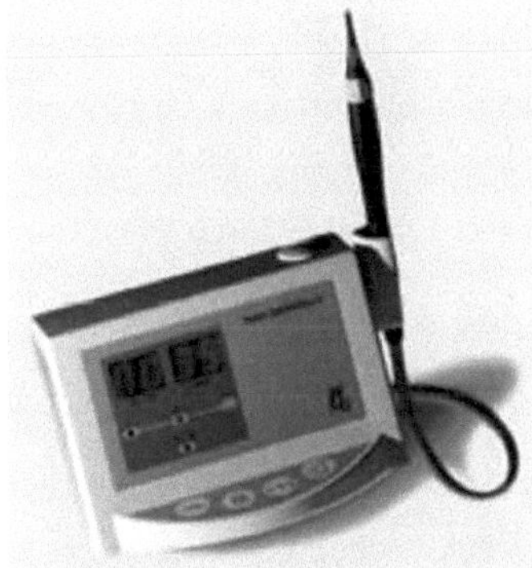

Figura no. 10: Aparelho DIAGNOdent (KaVo, Biberach) com Tip e 2 ecrãs LED

As instruções para o DIAGNOdent são que o campo de operação deve estar limpo e seco, caso contrário, dará um valor falso. A sonda laser utilizada deve mover-se num "movimento de varrimento".

São apresentados dois valores, um valor atual para o movimento da sonda ("momento") e um valor máximo para o examinador de toda a superfície ("valor de pico")

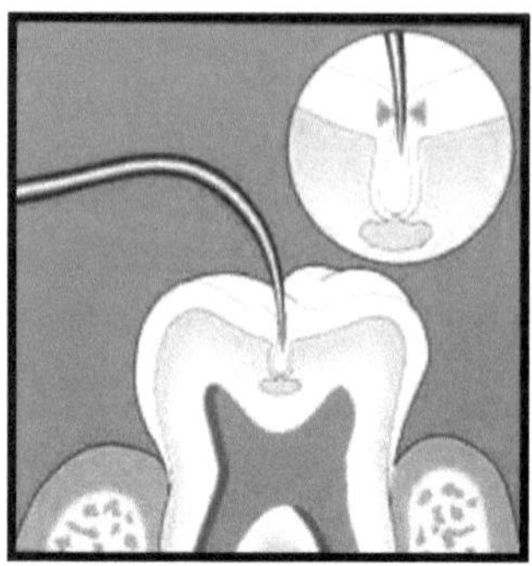

Figura no. 11: explorador utilizado para o exame de cáries

Um novo explorador não pode sondar mais pequeno do que o seu próprio diâmetro (30 μm), tornando o exame físico das cáries inexato. Critérios para avaliar a progressão da cárie: Os limites recomendados para o DIAGNOdent são (Kavo, Biberach, Alemanha 1998):[98]

- 0-13: Sem cáries
- 14- 20: Cáries do esmalte e cuidados preventivos aconselhados
- 21- 30: Cárie dentária e cuidados preventivos ou cirúrgicos aconselhados em função da avaliação do risco de cárie
- >30: Aconselham-se cuidados cirúrgicos

Preparação do dente: Geralmente, os dentes a avaliar devem ser limpos e secos para apresentarem condições óptimas para uma inspeção visual regular, que deve ser o primeiro passo de diagnóstico. Uma limpeza completa é um pré-requisito para uma deteção exacta de cáries. A secagem torna as descalcificações visíveis. Diminui o índice de refração dos espaços intercristalinos, de 1,33 para superfícies dentárias desmineralizadas húmidas para 1,0 para superfícies dentárias desmineralizadas secas, tornando assim o aspeto opaco da cárie claramente visível (Basting e Serra, 1999). Esta abordagem permite ao dentista combinar as vantagens da maior especificidade e rapidez da inspeção clínica com a maior sensibilidade dos novos dispositivos. Após a secagem do esmalte, a dispersão da luz aumenta e uma fluorescência mais baixa pode ser medida .[109]

Calibração do DIAGNOdent: A avaliação de um dente por meio do sistema de fluorescência a laser ocorre da seguinte forma: Após a calibração com um padrão de cerâmica, a fluorescência de um ponto sonoro na superfície lisa do dente é medida para fornecer um valor de referência. Este valor é então subtraído eletronicamente da fluorescência do local a ser medido. O sistema laser DIAGNOdent é útil em sítios oclusais (ponta A) e em superfícies lisas (ponta B). As medições de fluorescência em superfícies aproximadas são dificultadas pelas dimensões de ambas as pontas. Para obter a extensão máxima das cáries em superfícies oclusais, é necessário inclinar o instrumento à volta do local de medição.

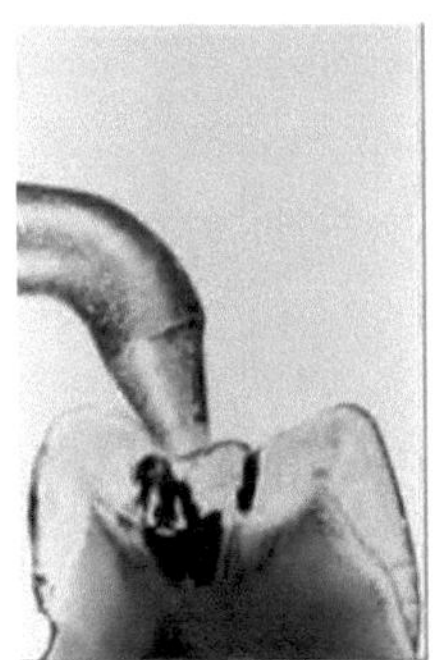
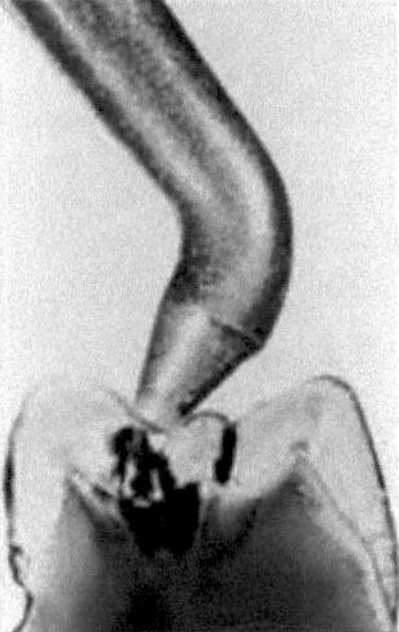

Figura no. 12: Deteção de cáries incipientes

Isto assegura que a ponta capta a fluorescência das encostas das paredes da fissura, onde o processo carioso começa frequentemente. Um tom crescente, começando com um valor de 10, ajuda o examinador a encontrar o valor máximo de fluorescência do local em estudo.[110] AM Costa, LM Paula, AC Bezerra (2008) concluíram que o aparelho laser teve um desempenho aceitável e concluíram que este aparelho deve ser utilizado como método adjuvante à inspeção visual, de forma a evitar resultados falsos positivos .[31]

MA Khalife, JR Boynton, JB Dennison (2009) avaliaram a correlação entre a profundidade e o volume da cárie removida por peças de mão com as leituras do DIAGNOdent e concluíram que este dispositivo deve ser utilizado como adjuvante no processo de diagnóstico e planeamento do tratamento .[32]

CH Chu, EC Lo, DS You (2010) estudaram a validade de três métodos diferentes para a deteção de cáries de fissuras em segundos molares, incluindo o exame visual, radiografias bitewing e a utilização de um DIAGNOdent. A abordagem combinada deste dispositivo e do exame visual foi considerada superior .[33]

7. Corante detetor de cáries:

Com o advento da medicina dentária minimamente invasiva como um potencial mercado em crescimento para vários produtos e procedimentos, tem havido uma ênfase renovada na utilização de corantes detectores de cáries. Ostensivamente, a utilização destes agentes torna mais científica a tarefa de detetar cáries precoces do esmalte e avaliar a profundidade das cáries da dentina. Lamentavelmente, a precisão dos corantes detectores de cáries para este fim é muito baixa. Todos os corantes populares para deteção de cáries parecem ser baseados no corante proteico, vermelho ácido. A formulação usual é 1% de vermelho ácido em proplylene glycol.

Principal: Geralmente mancham a dentina infetada, actuando sobre as fibras de colagénio degradadas, deixando para trás a dentina afetada .[98]

Corantes utilizados para a deteção de esmalte cariado: Os corantes Procion, que são utilizados em neurologia como corantes vitais, foram utilizados para corar as lesões do esmalte, mas a coloração é irreversível, porque o corante reage com -OH & $-NH_2$ e actua como fixador. Para medir a infiltração no esmalte cariado, Brook et al. (1972) utilizaram a calceína (fluorescência-3, 3'-ácido bismetiliminoacético), um corante que pode complexar com o ião cálcio e, portanto, permanecer durante a preparação da secção .[111]

Ultra-sons: A utilização de ultra-sons na deteção de cáries foi sugerida pela primeira vez há mais de 30 anos, embora o desenvolvimento na medicina dentária seja lento. As ondas sonoras são ondas longitudinais ou de pressão que viajam através de gases, líquidos e sólidos.[112] A velocidade do som nas superfícies do esmalte foi encontrada como sendo Vs= 3,143, 121m/s. Comparando com uma inspeção radiográfica e visual, verificou-se que as lesões de manchas brancas sem radiolucências ou radiolucências confinadas ao esmalte não produzem ecos de superfície detectáveis ou fracos. Todos os locais com cavitação visível e radiolucências dentinárias produziram ecos com uma amplitude substancialmente mais elevada.

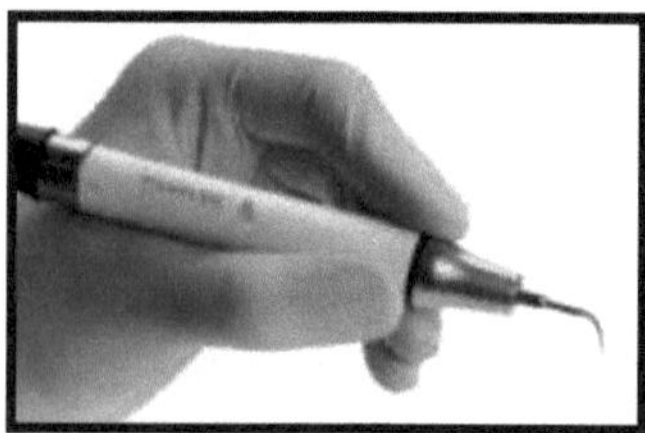

Figura no. 13: Ultra-sons utilizados para a deteção de cáries

8. Luminescência LASER:

A luminescência laser é introduzida como ferramenta de diagnóstico dentário dinâmico complementar para quantificar o esmalte e a dentina sãos e defeituosos (fissurados).[98] A radiometria fototérmica por infravermelhos no domínio da frequência é apresentada como um instrumento de diagnóstico dentário dinâmico complementar à luminescência laser para quantificar o esmalte ou a dentina sãos e defeituosos. Foi desenvolvida uma instalação de imagiologia experimental dinâmica de alta resolução, que pode fornecer medições simultâneas de sinais radiométricos e luminescentes de defeitos nos dentes, induzidos por laser no domínio da frequência do infravermelho fototérmico. Após a adsorção ótica de fotões laser, a nova instalação pode monitorizar simultaneamente e de forma independente a conversão não radiativa (ótica para térmica) através da radiometria fototérmica de infravermelhos e a desexcitação radiativa através da emissão de luminescência. Além disso, as propriedades ópticas do esmalte são determinadas utilizando um modelo tridimensional de luminescência e fotoquímico .[113]

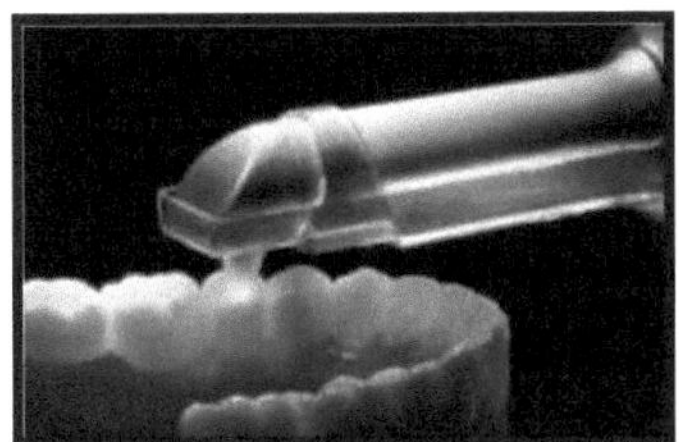

Figura no. 14: Ferramentas de Luminiscência LASER

9. . Monitor ótico: Estes sistemas estão a dar os primeiros passos e muitos deles são utilizados em laboratórios. No entanto, estas tecnologias podem revelar-se úteis no futuro. Os exemplos incluem a tomografia de coerência ótica (OCT) e a imagiologia por infravermelhos próximos. A OCT demonstrou ser capaz de obter imagens de lesões precoces de cárie do esmalte em dentes extraídos e também em lesões radiculares. Como muitas outras técnicas novas, é provável que a coloração afecte negativamente a OCT. Os trabalhos sobre a utilização de infravermelhos próximos ainda agora começaram, mas os resultados iniciais parecem prometedores. Há um trabalho significativo envolvido no desenvolvimento destes sistemas em aplicações clínica e comercialmente aceitáveis, pelo que poderá demorar algum tempo até que estas novas metodologias possam ser corretamente avaliadas em ensaios clínicos.[114]

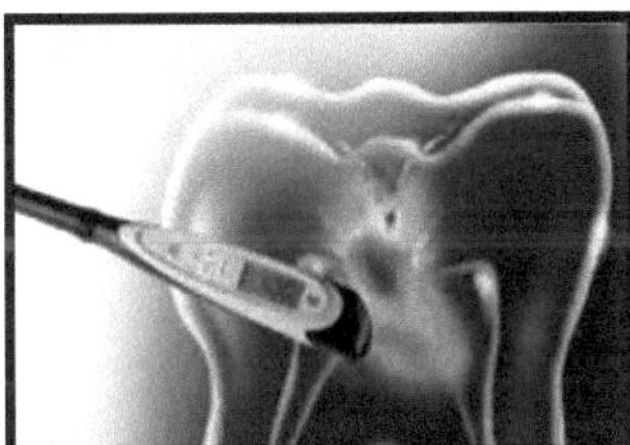

Figura no. 15: Aplicação da OCT na deteção de cáries

Medições de um único dente:

1. Análise química: [115] As microamostras podem ser removidas de uma lesão de esmalte por dissecção (Hallsworth et al. 1972), abrasão (Weather et al. 1985) ou microperfuração (Sakkab et al. 1984). A gravação de camadas é conveniente para esmalte sólido, mas não para lesões porosas, embora tenha sido tentada (Patterson et al. 1984). As amostras são dissolvidas em ácido, e as soluções são analisadas quimicamente quanto ao conteúdo de cálcio e fosfato. A concentração de cálcio é geralmente determinada por espetroscopia de absorção atómica. A menos que se utilize uma chama de óxido nitroso/acetileno e se adicione KCl à amostra, é necessário adicionar iões lantânio para suprimir os efeitos de contra-iões como o citrato e o fosfato. O fosfato é geralmente determinado através da formação de um complexo colorido com molibdato. Foram comparadas diversas variações deste método (Van der Linden et al. 1986). Estes métodos químicos são também os métodos de

referência ("padrão de ouro") para determinar o mineral dissolvido a partir de amostras em estudos in vitro.

2. Ensaio de microdureza em secção transversal: [115] No ensaio de dureza, um diamante de forma especial é lentamente pressionado sobre o material de ensaio sob uma carga bem definida e deixado na amostra durante um determinado período de tempo, deixando uma indentação no material. O tamanho da indentação permanente resultante é determinado com um microscópio. As dimensões típicas variam entre 10-100 RM. Na investigação sobre cáries são utilizados dois tipos de diamantes: o diamante Vickers, que produz indentações quadradas, e o diamante Knoop, que produz indentações oblongas. No teste Vickers, é utilizada a diagonal da indentação, lv (plm), ou -2 o número de dureza Vickers: VHN= 964. L. $_{lv}^{-2}$ O número de dureza Knoop (KHN) é definido como: KHN= 14230. L. $_{lk}^{-2}$ Em que 1K: comprimento das indentações em µm, & L é a carga em gramas de força (gf).

3. O ensaio de dureza pode ser aplicado ao plano da secção polida de metades de dentes ou a placas de dentes, produzidas por um corte transversal. Isto é normalmente chamado de ensaio de secção transversal. Nesta aplicação, obtêm-se resultados bem reprodutíveis. O valor médio da dureza do esmalte e da dentina situa-se na faixa de 270 a 350 KHN (ou de 250 a 360 VHN) e de 50 a 70 KHN, respetivamente.[116]

4. Microscopia de luz polarizada: Os cristais, exceto os cúbicos, e os materiais com arquitetura anisotrópica submicroscópica são todos birrefrigentes. Isto significa que um feixe de luz não polarizado, ao entrar num cristal ou material, divide-se em 2 raios polarizados no plano - os raios ordinários e extra-ordinários - que vibram em ângulos rectos entre si. Para esses raios, o material apresenta índices de refração diferentes, no e n', respetivamente. A birrefringência é então definida como B = (n, -n). Existe, no entanto, uma direção de feixe para a qual B =0, designada por eixo ótico. A grandeza medida experimentalmente é o retardamento F, ou seja, a diferença de comprimento do caminho ótico dos dois raios. É medida em secções de dentes com espessura d =50-100 pµm, cortadas paralelamente ao longo eixo do dente. Por razões de simetria, pode assumir-se que, para uma tal secção, o eixo ótico está no plano da secção. Então B =f/d

Onde d: espessura da secção, que é medida com um microscópio de polarização.

Para medições quantitativas de F, é necessário um compensador. Este é ajustado enquanto a imagem está a ser observada até o pormenor de interesse ficar escuro. Em seguida, a leitura do compensador é utilizada para determinar F.[116]

5. Microradiografia transversal tradicional (TMR): A microradiografia transversal, originária de Thewlis (1940), foi desenvolvida como método quantitativo por Angmer et al. (1963).[98] O seu princípio é a medição da absorção de raios X monocromáticos por uma secção de dente, comparada com a absorção por um padrão exposto simultaneamente. A secção pode ser cortada de uma amostra de dente maior, terminando assim a experiência, ou pode ser uma amostra de secção única. Para as

lesões, o conteúdo mineral que estava presente antes da desmineralização tem de ser estimado. Então Ac (z) é determinado por substracção e AmA por intergração. Normalmente, a secção está em contacto com uma emulsão fotográfica de grão fino e é exposta a raios X suaves de um ânodo de Cu de foco fino, operado a 20kV e 1-20mA. Um filtro de níquel suprime os fotões de 20 keV e um pouco menos de energia. A energia predominante dos fotões é então a linha caraterística do cobre: 8,05 keV; comprimento de onda, 0,154 nm. Para obter uma qualidade de imagem óptima, é utilizada uma emulsão de alta resolução, por exemplo, Kodak HR 1A em placas de vidro para objectos de microscópio. Isto leva a um tempo de exposição de 10-100 min. A redução para 10 é possível com uma película como a Kodak SO 253, mas nesse caso perdem-se os pormenores abaixo de 2 µm. Para estes raios X, a gama de transmissão de película ótica utilizável corresponde à espessura da secção de esmalte entre 0 e 80 µm.[116]

6. Método de microssonda: Uma amostra de dente pode ser bombardeada com um feixe de partículas para induzir a libertação de radiação ou de partículas. O carácter destas últimas pode ser analisado, frequentemente em função da energia das partículas bombardeadas. Podem ser utilizados para o bombardeamento electrões, iões leves (H+, He2+) ou iões pesados; as quantidades medidas podem ser a energia e/ou o fluxo de raios X emitidos, electrões secundários ou iões libertados da amostra. Alguns destes métodos foram aplicados a lesões de cárie. O posicionamento do vácuo é necessário em quase todos os casos.[116]

4). TESTE DE ACTIVIDADE DE CÁRIE

O teste de atividade da cárie baseia-se na estimativa do número de microrganismos. Estes testes ajudam a educar os pacientes relativamente à atividade da cárie e a motivá-los para boas práticas de higiene oral. As utilizações propostas de um teste de susceptibilidade preciso são as seguintes

<u>Para o médico -</u> Para determinar a necessidade de medidas de controlo da cárie

- Como indicador da cooperação dos doentes
- Servir de ajuda na calendarização das marcações de chamada
- Como guia para a inserção de restaurações dispendiosas
- Para ajudar na determinação do prognóstico
- Como sinal de precaução para o ortodontista na colocação de bandas

117 Snyder sugeriu que o teste de atividade de cárie deveria: [117]

- Uma base teórica sólida
- Apresentar uma correlação máxima com o estado clínico
- Ser exato no que diz respeito à duplicação de resultados
- Ser simples e económico
- Deve demorar pouco tempo

Além disso, deve possuir 3 caraterísticas: Validade, Fiabilidade e Viabilidade.

A validade implica validade preditiva, de modo que se uma criança for colocada na categoria de alta atividade de cárie (positiva) e seguida durante 2 anos. Deverá demonstrar um aumento elevado de cáries. Uma boa validade preditiva exige que haja um mínimo de resultados falsos positivos ou negativos. A fiabilidade implica que, quando o teste é realizado em diferentes ocasiões, dará 118 resultados reprodutíveis.[118]

O teste de atividade de cárie pode ser classificado como: [98]

Teste microbiano: *Teste para avaliar o teste salivar para*
de avaliação
defesa: *defesa dentária:*
Teste de contagem de LactobacillusTeste de redutase salivar Crítico
visual
exame Snyder TestDentobufftest
Níveis de fluoreto como
método
Teste de AlbanViscosidade salivarDentes
resistência
Teste *de lactobacilos* Dentocult Teste do débito salivar Teste de cariogenecidade intra-oral
Grupo *Mutans* deCáries anteriores
experiência
teste de despistagem de *estreptococos*
Método da placa bacteriana/ palitoVanguarda das cáries electrónicas
Método do detetor de saliva/lâmina de língua
Método de aderência *de S. mutans*
Técnica de replicação de *S. mutans*
Método da lâmina de imersão *de S. mutans*
Teste de esfregaço
Ensaio de dissolução de cálcio de Fosdick
Teste Oricult

Teste	**Princípio**	**Método**
Contagem de Lactobacillus	Organismos acidúricos (salivares)	Quantitativo (contagem/ml) Cultura de placas
Snyder	Organismos acidúricos (salivares)	Qualitativo (taxa>pH 3,8) Cultura em tubo colorimétrico
Despistagem de Streptococcus mutans	S mutans (placa)	Semi-quantitativo (tamanho

		da amostra de placa não controlado) Utiliza um meio seletivo
Teste de esfregaço	Organismos acidúricos (placa)	Qualitativo (pH) Colorimétrico cultura em tubo
Ensaio Fosdick	Organismos totais (salivares) Capacidade tampão	Quantitativo de Ca dissolvido em pó de esmalte
Ensaio de Dewar	Organismos totais (salivares) Capacidade tampão	Quantitativo (pH) Fosdick modificado
Teste da redutase	Total de organismos (salivares) Potencial de oxidação-redução	Qualitativo Alteração da cor do corante
Capacidade tampão	Capacidade tampão	Titulação quantitativa

QUADRO 5: Testes de atividade de cárie - seu princípio e método [115]

- Os testes mais utilizados para avaliar a atividade da cárie são os seguintes

Princípio	**Equipamentos e procedimentos**	**Estudos**
Teste de Lactobacillus Introduzido por Hardly em 1933. Estima o número de bactérias acidogénicas e acidúricas na saliva estimulada, contando o número de colónias que aparecem em placas de ágar peptona de tomate (pH 5,0)	Frascos contendo saliva, parafina, dois tubos de 9 ml de soro fisiológico, duas placas de ágar, duas varas de vidro dobradas, um contador Quebec e pipetas. Procedimento: Efetuar a diluição. Espalha-se 0,4 ml de cada diluição na superfície de uma placa de ágar com uma vareta de vidro dobrada. As placas são incubadas a 370C durante 3-4 dias.	Cleas-Goran Crossner 1981 avaliou a atividade da cárie para determinar o número de lactobacilos na saliva, a taxa de secreção salivar e a presença de leveduras na saliva e concluiu que a contagem de lactobacilos deve ser utilizada para a previsão da cárie em pacientes saudáveis e devidamente tratados. Christina stecksen-blicks 1985 avaliou a comparação de testes de contagens salivares de lactobacilos e S. mutans na previsão de cáries. O resultado mostrou

		que estes testes ou uma combinação dos mesmos não são específicos na seleção de pacientes com risco de cárie. Uma combinação dos dois testes foi mais eficiente na seleção destes
		doentes do que cada teste utilizado isoladamente.[120]
Teste Snyder: Mede a rapidez da formação de ácido, quando a saliva estimulada é inoculada em ágar glucose (pH 4,7-5). O verde de bromocresol actua como indicador de cor.	Frascos contendo saliva, parafina, tubo de ágar glucose Snyder contendo verde de bromocresol com pH ajustado a 4,7-5, pipetas e instalações de incubação Colhe-se saliva estimulada. A amostra é preparada. A mudança de cor do indicador é observada após 24, 48 e 72 horas de incubação	Leonor sanchez- perez, Jordan golubov et al 2009 avaliaram marcadores de risco de cárie: morfologia da fissura, experiência de cárie, taxa de fluxo salivar, resultados do teste de Snyder, e contagens de mutans e lactobacilos numa coorte de crianças mexicanas de 6 anos de idade. Verificaram que a capacidade do modelo de risco para prever cáries era moderada (especificidade 79,6% e sensibilidade 78,6%). A experiência de cárie (P = 0,0001), o teste de Snyder (P = 0,002) e a morfologia da fissura (P = 0,024) tiveram a associação mais forte com o incremento de cárie.[121]
Teste da redutase Mede a velocidade a que uma molécula indicadora, o	É fornecido num kit (Treatex, C.W. Erwin & Co)	J. J. Doel, M. P. Hector, C. V. Amirtham 2004

diazoresorcinol, muda de cor, passando de azul para vermelho e incolor, quando é reduzida pela flora salivar mista	Procedimento: A amostra é misturada com uma quantidade fixa de diazoresorcinol, o reagente com o qual a enzima redutase deve reagir. A mudança de cor após 30 segundos e 15 minutos é tomada como medida de	realizaram um estudo para testar a hipótese de que uma combinação de nitratos salivares elevados e de uma elevada capacidade de redução de nitratos é protetora contra a cárie dentária,[209] crianças que frequentam
	atividade de cárie	no Dental Institute, Barts and the London NHS. Foram registados os níveis de nitrato e nitrito salivares, a contagem de Streptococcus mutans e Lactobacillus spp. e a experiência de cárie. Verificaram uma redução significativa na experiência de cárie em pacientes com níveis elevados de nitrato salivar e elevada capacidade de redução de nitratos.[41]
Teste de capacidade tampão Mede os mililitros de ácido necessários para baixar o pH da saliva estimulada através de um intervalo de pH arbitrário ou a quantidade de ácido ou base necessária para levar os indicadores de cor ao seu ponto final.	Medidor de pH, equipamento de titulação, base 0,05N, parafina e frascos de vidro esterilizados contendo uma pequena quantidade de óleo Procedimento: São feitas amostras e o número de mililitros de ácido lático necessários para reduzir o pH de 7,0 para 6 é uma medida da capacidade tampão.	Kitasako et al 2005 efectuaram um estudo para avaliar e comparar a capacidade tampão da saliva utilizando um medidor de pH portátil e uma tira tampão comercial em pacientes com risco de cárie e concluíram que existia uma correlação significativa entre a capacidade tampão de

		classificação medida pelo medidor de pH B-[212] e o tampão CRT ($P < 0,001$).[42]
Ensaio de dissolução de cálcio de Fosdick Esmalte em pó (em miligramas) dissolvido durante 4 horas em saliva formada por ácido é misturado com glucose e pó	Esmalte humano em pó, frascos de recolha de saliva, tubos de ensaio esterilizados, equipamento de agitação de tubos de ensaio e equipamento para	Tanaka M, Kadoma Y 2000 efectuaram um exame in vitro para conhecer o efeito do aumento da concentração de
esmalte Teste DEWAR	determinação do teor de cálcio da saliva estimulada. São colhidas amostras para análise do teor de cálcio. Este ensaio é semelhante ao ensaio de dissolução de cálcio de Fosdick, exceto que o pH final após 4 horas é medido em vez da quantidade de cálcio dissolvido.	Ca & Fosfato na desmineralização do esmalte. Concluíram que a diferença no desvio padrão da desmineralização sugere a existência de outros factores que têm influência na reação de desmineralização.
Teste do esfregaço (desenvolvido por Grainger et al em 1965). Mede o componente acidúrico-acidogénico da flora oral através da utilização de um indicador de cor no meio de teste ou da leitura direta do pH num medidor de pH.	Medidor de pH com cotonete A amostra é recolhida com um aplicador de algodão. As alterações do pH são lidas num medidor de pH ou a mudança de cor é lida na temperatura da cor	RM Grainger, M Jarrett, SL Honey 1965 realizaram um estudo epidemiológico para testar a atividade da cárie utilizando o teste de esfregaço.
Dento-buff Strip Test Identifica saliva com capacidade tampão baixa, intermédia e alta.	A saliva estimulada é colocada numa tira de teste que contém um ácido e um indicador de pH. Após 5 minutos, quando a reação tiver ocorrido, a cor da tira de teste é comparada com a tabela de cores do indicador de pH	Sizhen Shi, Qing Deng, Yoshihiro Hayashi et al 2003 estudaram a eficácia de três CAT's (Dentocult SM, Dentocult LB e Dentobuff Strip) em revelar a condição de cárie e prever o progresso da cárie. Concluíram que o

		Dentocult SM é o melhor dos três testes para o diagnóstico da presença de cárie e prognóstico da sua progressão, o Dentocult LB é o segundo melhor, e o Dentobuff

Testes de despistagem *dos estreptococos* do grupo *Mutans*: 118

Princípio	Equipamento e procedimento	Estudos
Método da placa/ palito Utilizado para o rastreio de amostras diluídas de placas semeadas num meio de cultura seletivo.	Palitos de dentes esterilizados, solução de Ringer esterilizada (5 ml), ansa de platina, placas de ágar mitis-salivaris contendo sulfadimetina (1 g/L), incubadora. Procedimento: As amostras são colhidas e colocadas em solução de Ringer. Após incubação aeróbica a 370C durante 72 horas, as culturas são examinadas e o total de colónias em dez campos é registado.	KWennerholm, B Lindquist, CG Emilson 1995 realizaram um estudo para comparar a utilização de palitos de dentes com outros métodos de amostragem para a determinação de estreptococos mutans em diferentes superfícies dentárias. Verificaram que a pontuação de colonização por *estreptococos mutans* era mais elevada em amostras colhidas com um palito do que com um escultor ou uma agulha, enquanto as amostras colhidas com um fio dental.[37]
Método da saliva/lâmina de língua Estimativa do número de contagens de *S mutans* presentes na saliva mista estimulada com parafina quando	Cera de parafina, lâmina de língua esterilizada, placa de Petri de contacto descartável (RODAC) contendo ágar MSB, incubadora.	S.J Weinberger, G.Z Wright 1989 utilizaram um método microbiológico clinicamente aplicável para

cultivada em ágar *mitis salivaris bacitracina* (MBS)	Procedimento: A amostra de placa é recolhida numa lâmina de língua. As amostras são então prensadas em ágar MSB numa placa de Petri de contacto descartável (RODAC, Falcon), que é então incubada a 370C durante 48 horas	correlacionar as contagens de *Streptococcus mutans* e a prevalência de cáries dentárias em crianças pequenas. A população do estudo consistiu em 37 indivíduos, entre os 16 e os 60 meses de idade. Utilizando uma língua esterilizada
		Foram obtidas amostras de saliva não estimulada dos indivíduos e inoculadas em placas de ágar elevadas contendo um meio seletivo.[35]
Método de aderência de S mutans As amostras salivares são classificadas com base na capacidade de S mutans aderir a superfícies de vidro	Tubos para recolha de saliva, suporte para tubos de cultura, pipetas descartáveis, incubadora. O caldo MSB está disponível comercialmente. Procedimento: O caldo é comercializado num frasco selado e é adicionada uma tira de papel com bacitracina, telurito e violeta de cristal. A saliva não estimulada é inoculada no caldo MSB. As células que aderem à superfície do vidro são examinadas	T. Matsukubo, K. Ohta, Y. Maki Y, M Takeuchi 1981 A SemiQuantitative Determination of Streptococcus mutans using its Adherent Ability in a Selective Medium. Concluíram que este método é útil para o manuseamento de muitas amostras na prática preventiva e em estudos epidemiológicos, devido à sua simplicidade.
Método da lâmina de imersão para S mutans	Inclui cera de parafina, lâminas de plástico revestidas com ágar MS,	L Seppa, L Pollanen, H Hausen 1988 determinaram

Classificar as amostras salivares de acordo com a estimativa de colónias de S mutans que crescem em ágar mitis-salivaris modificado	pastilhas de CO2, discos ou pastilhas de bacitracina e diluentes tamponados. Procedimento: Recolha de saliva estimulada. À volta de cada disco de bacitracina forma-se uma zona de inibição com 10-20 mm de diâmetro. Se estiver presente, o S mutans aparece como "colónias azuis" que crescem dentro da zona de inibição.	o nível de Streptococcus mutans na saliva através de um método de imersão em 841 crianças de 13 anos de idade, com o objetivo de identificar crianças com elevado risco de cárie. Para cada criança, foi determinada a taxa de fluxo de saliva. Não
		foi observada uma correlação linear entre a ingestão relatada de sacarose e S. mutans, mas as crianças com as contagens mais elevadas (classe 3) tendiam a ter uma ingestão de sacarose significativamente mais elevada do que as restantes crianças.[34]
Técnica de réplica de S. mutans Localiza colónias de S. mutans utilizando uma matriz de impressão sólida composta principalmente por sacarose e uma base de goma comercial	Matriz de impressão e meio de cultura líquido (triptose, azul de Tripan, violeta de gention, telurito de potássio e bacitracina) Procedimento: a amostra é colhida. As matrizes são colocadas no caldo líquido, incubadas a 370C durante uma noite, depois são removidas e examinadas diretamente para detetar o crescimento excessivo de colónias de S mutans em	

	condições específicas.	

Figura no. 16: Teste da redutase e alterações da cor de azul para vermelho (Cortesia - http://www.mesacc.edu/~johnson/labtools/Dbiochem/nit.html)

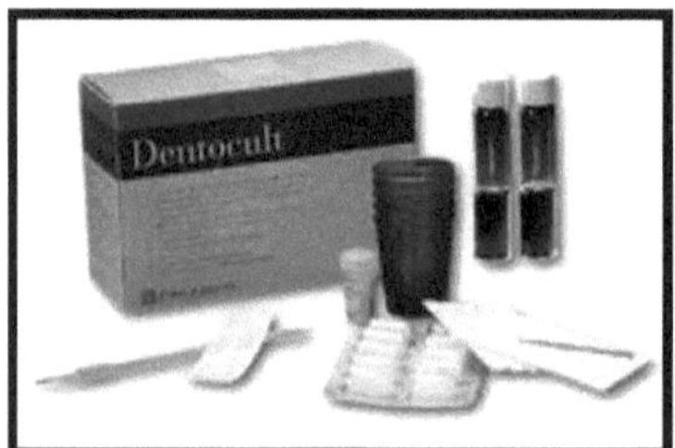

Figura no. 17: Kit Dentocult

Sistema Internacional de Deteção e Avaliação de Cáries (ICDAS):

O ICDAS é um sistema baseado em evidências que permitiria a deteção e o diagnóstico padronizados de cáries em diferentes ambientes e situações.

O ICDAS-I foi desenvolvido em 2002 e posteriormente modificado como ICDAS-II em 2005.[125]

Os critérios do ICDAS I e II incorporam conceitos da investigação conduzida por Ekstrand et al (1995, 1997) e outros sistemas de deteção de cáries descritos na revisão sistemática conduzida por Ismail et al (2004).[126] O ICDAS apresenta um novo paradigma para a medição da cárie dentária que foi desenvolvido com base nos conhecimentos obtidos a partir de uma revisão sistemática da literatura sobre sistemas clínicos de deteção de cáries e outras fontes.

ICDAS o sistema de pontuação: [127]

O requisito principal para a aplicação do sistema ICDAS é o exame de dentes limpos e secos. A secagem da superfície do dente é a chave para a deteção de lesões precoces de manchas brancas. Um explorador com ponta esférica é utilizado para remover qualquer placa bacteriana e detritos remanescentes e para verificar o contorno da superfície, pequenas cavitações ou selantes. Os dentes devem ser limpos com uma escova de dentes ou um copo de profilaxia antes do exame clínico. Os diferentes códigos para lesões de cárie incipientes são os seguintes

Código	Descrição

0	Superfície dentária sólida: Sem evidência de cáries após 5 segundos de secagem ao ar
1	Primeira alteração visual do esmalte: Opacidade ou descoloração (branca ou castanha) visível na entrada da fossa ou fissura após secagem prolongada ao ar
2	Alteração visual distinta no esmalte visível quando molhado, a lesão deve ser visível quando seca
3	Quebra localizada do esmalte (sem sinais clínicos visuais de envolvimento dentário) observada quando molhada e após secagem prolongada
4	Sombra escura subjacente da dentina
5	Cavidade distinta com dentina visível
6	Cavidade distinta extensa (mais de metade da superfície) com dentina visível

Tabela No. 6: Critérios e códigos do ICDAS

E.Verdonschot et al (1999) estabeleceram uma relação entre o diagnóstico de cárie e as decisões de tratamento subsequentes e o seu efeito nos resultados do tratamento.[25]

Protocolos de gestão da cárie:

Os protocolos baseiam-se em evidências da literatura atual revista por pares e no julgamento ponderado de painéis de peritos, bem como na experiência clínica dos profissionais. Os protocolos de gestão clínica são concebidos para ajudar na tomada de decisões clínicas, no diagnóstico e no tratamento de cáries. Os protocolos de gestão de cáries para crianças aperfeiçoam ainda mais as decisões relativas ao tratamento individualizado e aos limiares de tratamento com base nos níveis de risco, idade e cumprimento das estratégias preventivas de um paciente específico. Jill Rethman et al (2000) analisa a avaliação do risco de cárie dentária e as implicações para o desenvolvimento de estratégias preventivas e descreve as indicações e utilizações dos selantes na prevenção da cárie dentária.[128]

A gestão dos protocolos baseia-se nas diretrizes mais recentes da American Dental Association (ADA 2006).

Os protocolos para os diferentes grupos etários são apresentados nos quadros 7, 8 e 9 →

Categoria de risco	Diagnóstico	Intervenções Fluoreto	Dieta	Restauração
Baixo risco	- Recall a cada 6-12 meses -Baseline MS	Escovagem duas vezes por dia	Aconselhamento	Vigilância

Risco moderado	- Recolha de 6 em 6 meses -Membros da linha de base	Escovagem duas vezes por dia com pasta dentífrica fluoretada b - Complemento de flúor -Tratamento tópico profissional de 6 em 6 meses	Aconselhamento	Vigilância ativa de lesões incipientes
Risco moderado pai não empenhado	-Recall de 6 em 6 meses -Medicina de base	Escovagem duas vezes por dia com pasta dentífrica fluoretada - Tratamento tópico profissional de 6 em 6 meses	Aconselhamento com expectativas limitadas	Vigilância ativa de lesões incipientes
Pais de alto risco envolvidos	-Recall de 3 em 3 meses - EM de base e de acompanhamento	Escovagem duas vezes por dia com pasta dentífrica fluoretada -Suplemento de flúor - Tratamento tópico profissional de 3 em 3 meses	Aconselhamento	Vigilância ativa de lesões incipientes -Restaurar lesões cavitadas com ITR ou restaurações definitivas
Risco elevado pai não empenhado	-Recordar de 3 em 3 meses -EM de base e de acompanhamento	Duas vezes por dia escovagem com pasta dentífrica fluoretada b - Tratamento tópico profissional de 3 em 3 meses	Aconselhamento com um número limitado de expectativas	Ativo vigilância de lesões incipientes - Restauração de lesões cavitadas com ITR ou restaurações definitivas

Tabela no. 7- Um protocolo de gestão de cáries para crianças de 1-2 anos.

Categoria de	Diagnóstico	Intervenções	Restauração

risco		FluoretoDieta Selantes			
Baixo risco	-Recall a cada 612 meses -Radiografias a cada 12-24 meses -Baseline MS	Escovagem duas vezes por dia com pasta dentífrica fluoretada	Aconselhamento	Y e s	Vigilância
Risco moderado	Rechamada de 6 em 6 meses -Radiografias de 6 a 12 meses - EM de base	Escovagem duas vezes por dia com pasta dentífrica fluoretada -Fluoreto suplementado- Tratamento tópico profissional de 6 em 6 meses	Aconselhamento	Y e s	Vigilância ativa de lesões incipientes - Restauração de lesões cavitadas ou alargadas
Risco moderado pai não envolvido	Rechamada de 6 em 6 meses -Radiografias de 6 a 12 meses - EM de base	Escovagem duas vezes por dia com pasta dentífrica fluoretada Profissão al tratamento tópico de 6 em 6 meses	Aconselhamento, com expectativas limitadas	e s	Vigilância ativa de lesões incipientes Restauração de lesões cavitadas ou alargadas
Risco elevado	Recall a cada 3	Escovagem	Aconselhamento	Y	Ativo
pais empenhados	meses -Radiografias de 6 em 6 meses - Medicina de base e de acompanhamento	com 0,5% de fluoreto (com precaução) Suplemento de fluoreto Tratamento tópico profissional de 3 em 3 meses		e s	vigilância de lesões incipientes -Restauração de lesões cavitadas ou alargadas
Pais de alto risco não envolvidos	Recall de 3 em 3 meses Radiografias de 6 em 6 meses - EM de base e de acompanhamento	Escovagem com flúor a 0,5% (com precaução) Profissão e tratamento tópico de 3 em 3 meses	Aconselhamento, com expectativas limitadas	e s	Restaurar lesões incipientes, cavitadas ou alargadas

Tabela no. 8- Protocolo de gestão de cáries para crianças de 3-5 anos

Categoria de risco	Diagnóstico	Intervenções Fluoreto	Dieta	Selantes	Restauração
Baixo risco	-Recall a cada 612 meses -Radiografias a cada 12-24 meses	Escovagem duas vezes por dia com pasta dentífrica fluoretada	Não	Sim	Vigilância
Risco moderado	Recall de 6 em 6 meses - Radiografias de 6 a 12 meses	Escovagem duas vezes por dia com pasta dentífrica fluoretada - Fluoreto suplementado. Tratamento tópico profissional de 6 em 6 meses	Aconselhamento	Sim	Vigilância ativa de lesões incipientes -Restauração de lesões cavitadas ou alargadas
Risco moderado	Recall de 6 em 6 meses	Duas vezes por dia	Aconselhamento , com	Sim	Vigilância ativa
Doente/pais não envolvidos	-Radiografias a cada 6-12 meses	escovagem com pasta de dentes fluoretada - Tratamento tópico profissional de 6 em 6 meses	expectativas limitadas		de lesões incipientes Restauração de lesões cavitadas ou alargadas
Risco elevado Envolvimento dos doentes/pais	Recall de 3 em 3 meses - Radiografias de 6 em 6 meses	Escovagem com 0,5% de flúor (com precaução)	Aconselhamento -Xilitol	Sim	Vigilância ativa de lesões incipientes Restauração de

		Suplemento de flúor Tratamento tópico profissional de 3 em 3 meses			lesões cavitadas ou alargadas
Risco elevado Doente/pais não envolvidos	Recall de 3 em 3 meses Radiografias de 6 em 6 meses	Escovagem com 0,5% de flúor (com precaução) Tratamento tópico profissional de 3 em 3 meses	Aconselhamento com expectativas limitadas -Xilitol	Y e s	Restaurar lesões incipientes, cavitadas ou alargadas

Tabela no. 9- Um protocolo de gestão de cáries para crianças com mais de 6 anos

Os protocolos baseiam-se em determinadas diretrizes que dependem de múltiplos factores, tais como:

1. Fluoreto sistémico: Os protocolos baseiam-se nas recomendações do Centres for Disease Control & Prevention (CDC) para a utilização de fluoretos .[129]

2. Fluoreto tópico: As diretrizes baseiam-se nas recomendações do "ADA's Council on Scientific Affairs" para o flúor tópico aplicado profissionalmente, nas diretrizes da Scottish Intercollegiate Guideline Network para a gestão das cáries em crianças em idade pré-escolar, num painel de peritos do Maternal & Child Health Bureau e nas diretrizes sobre flúor do CDC .[130]

3. Selantes para fossas e fissuras: As diretrizes baseiam-se nas recomendações do Conselho de Assuntos Científicos da ADA para a utilização de selantes de fossas e fissuras .[131]

4. Aconselhamento dietético: As diretrizes baseadas em vários artigos de revisão são: utilização de Xilitol com base na política de saúde oral da AAPD na prevenção de cáries, um ensaio clínico bem executado em bebés e crianças de alto risco de cárie, incluindo outras revisões baseadas em provas .[132]

5. Vigilância ativa (terapias preventivas e monitorização rigorosa) das lesões do esmalte: Baseiam-se no conceito de que o tratamento da doença só pode ser necessário se houver progressão da doença, que a progressão da cárie diminuiu nas últimas décadas e que a maioria das lesões proximais, mesmo na dentina, não são cavitadas .[133]

Assim, os protocolos de gestão clínica, com base na idade da criança, no risco de cárie e no nível de cooperação do paciente/pais, fornecem aos prestadores de cuidados de saúde critérios e protocolos para determinar os tipos e a frequência dos cuidados de diagnóstico, preventivos e restauradores para a gestão específica da cárie dentária do paciente.

6. . GESTÃO DE CÁRIES INCIPIENTES

Contrariamente aos princípios de Black, o pensamento contemporâneo é que o sacrifício inadvertido da estrutura dentária sólida impede o progresso de alcançar uma dentisteria verdadeiramente conservadora[10] . O conceito de Black de "extensão para prevenção" foi substituído por "prevenção da extensão"[134] . Muitos avanços tecnológicos permitem ao clínico progressivo alcançar uma remoção conservadora dos tecidos duros.

Os instrumentos tradicionais incluem pequenas brocas redondas ou de cone invertido (nº | -4 redondo ou nº 331/2) que podem ser utilizadas para remover o tampão orgânico de uma fissura ou poço. As brocas de fissurotomia mais recentes e mais conservadoras também cumprem este objetivo. A abrasão a ar e a microabrasão são outras escolhas populares para a exploração de fissuras e fossas. A ablação a laser e a remoção quimio-mecânica de cáries (como o Cariesolv [MediTeam Dental AB, Goteborg, Suécia]) são consideradas quase tão eficazes[3] . Após a exploração da fissura, se for determinada a presença de cárie oculta, é defendida a remoção conservadora. As brocas de remoção de cáries de polímero são uma excelente escolha para esta tarefa.[13] As técnicas quimio-mecânicas também podem ser utilizadas para a remoção conservadora de cáries e podem não necessitar de anestesia. Uma vez concluído o desbridamento, a restauração pode ser concluída .[10]

1. Abordagem "esperar e observar" - Para a gestão de cáries incipientes, devem ser consideradas as seguintes opções de tratamento: [136]

- Sem tratamento - abordagem "esperar e observar
- Monitorização da superfície dentária desmineralizada e não cavitada
- Tratamento preventivo e não cirúrgico
- Intervenção cirúrgica de lesões incipientes

Cada uma destas modalidades de tratamento depende de diversas variáveis, como os desejos e as expectativas do doente em relação ao tratamento, o nível de risco, o estado de higiene oral, a gestão da dieta pelo doente, a capacidade de motivação suficiente para assegurar o cumprimento adequado dos requisitos de cuidados domiciliários, o empenho em ajudar na gestão da doença[136] . Uma vez que é muitas vezes difícil avaliar com precisão o estado das lesões de pequenas fossas e fissuras utilizando métodos de exame convencionais, é conveniente monitorizá-las ao longo do tempo. Por conseguinte, é adequado adotar uma abordagem de observação e espera. A observação cuidadosa da descalcificação nas aberturas das fissuras (em superfícies oclusais secas e limpas) também foi demonstrada por Lynch et al. e oferece uma sensibilidade aceitável para lesões incipientes[137] . Assim, é necessário um bom julgamento clínico para tomar a decisão correta. "Tratar ou não tratar, eis a questão! Por vezes, a espera vigilante (juntamente com aconselhamento dietético e aplicação de flúor) é o curso de ação mais prudente .[136]

J Hamilton et al (2002) efectuaram um estudo com um período de observação de 2 anos, durante o qual metade (n = 89) da amostra original de superfícies oclusais suspeitas foi seguida sem qualquer intervenção e verificaram que a progressão destas lesões era mínima .[138]

M Grindefjord et al (1995) efectuaram um estudo longitudinal em 692 crianças de 2,5 a 3,5 anos de idade que viviam nos subúrbios do sul de Estocolmo e, após um ano de acompanhamento, 92% das crianças com cáries no início do estudo desenvolveram novas lesões de cárie, em comparação com 29% das crianças que não tinham cáries no início do estudo. Estes estudos indicam que as crianças com desenvolvimento precoce de cáries apresentam uma elevada progressão de cáries, bem como um elevado risco de desenvolvimento de um número alargado de novas lesões cariosas .[139]

2. Regimes preventivos - Deve ser efectuada uma reavaliação do risco de cárie no intervalo de recolha. Recomenda-se que os pacientes de baixo risco sejam reavaliados num intervalo de 1 ano, enquanto os pacientes de alto risco devem ser reavaliados num intervalo de 3 meses. A nível comunitário e individual, a estratégia de prevenção primária inclui a fluoretação da água, a utilização de pasta dentífrica fluoretada, a higiene oral (remoção mecânica/química da placa bacteriana), a educação dos doentes, programas preventivos (programa de escovagem dos dentes, selantes/enxaguamentos bucais) .[136]

O método físico ou mecânico tradicional de prevenção das cáries inclui procedimentos de higiene oral como a escovagem dos dentes, o uso do fio dental e o desbridamento profissional. A utilização de agentes anti-placa, como a clorexidina, o cloreto de cetilpirídio, a hexidina, os extractos de sanguinaria, o triclosan, o fosfopeptídeo de caseína e o fosfato de cálcio amorfo, provou ser eficaz na reversão das cáries incipientes. O flúor pode ser utilizado sob a forma de intervenções baseadas na comunidade, métodos auto-aplicados, tais como dentífricos, enxaguamentos, géis e espumas de flúor, gomas de mascar e sistemas profissionais de administração de flúor, tais como géis e vernizes de flúor .[136]

CG Emilson (1994) testou vários agentes e métodos antimicrobianos e concluiu que a redução mais persistente dos estreptococos mutans foi conseguida com vernizes de clorexidina, seguidos de géis e elixires bucais[140] . Frejeskov et al (2003) sugeriram vários factores de proteção nos alimentos, como o leite e os alimentos de origem vegetal, incluindo fosfato orgânico, fosfato inorgânico, polifenóis e fitato, que têm um efeito anti-cariogénico e previnem a desmineralização do esmalte[141] . A educação dos doentes é também um fator importante na prevenção primária de cáries incipientes. Os doentes com risco particular de cáries incipientes precisam de compreender. O aconselhamento dietético deve ser efectuado na 1.ª visita[st] , uma vez que o aconselhamento dietético também ajuda a prevenir a progressão do processo de cárie e ajuda a remineralizar a cárie incipiente.[3]

J Autio-Gold (2008) sugeriu o papel da clorexidina na prevenção da cárie e, para o tratamento da cárie dentária, existem métodos alternativos de prevenção baseados em provas, tais como aplicações de flúor, modificações da dieta e boas práticas de higiene oral.[14]

3. Agentes remineralizadores recentes:

A remineralização é o processo natural de reparação de lesões não cavitadas e depende dos iões de cálcio e fosfato, auxiliados pelo flúor, para reconstruir uma nova superfície nos restos de cristais existentes nas lesões subsuperficiais que permanecem após a desmineralização.[49] Estes cristais remineralizados são menos solúveis em ácido do que o mineral original.[143]

A composição e a concentração de iões inorgânicos na saliva e na placa dentária influenciam significativamente o grau de saturação do fluido rico em água que está em contacto imediato com o esmalte.[143] O agente remineralizante ideal fornecerá quantidades adequadas de iões de cálcio e fosfato ao corpo da lesão cariosa, onde são necessários, e não precipitará facilmente na superfície do dente nem aumentará a formação de cálculo.

Requisitos de um material de remineralização ideal: [49]

- Deve difundir-se na subsuperfície ou fornecer cálcio e fosfato para a subsuperfície
- Não fornece um excesso de cálcio
- Não favorece a formação de cálculos
- Deve funcionar a um pH ácido, bem como em doentes xerostómicos
- Deve reforçar as propriedades remineralizantes da saliva
- No caso de materiais novos, estes devem mostrar um benefício em relação ao flúor.

Atualmente, está disponível no mercado uma variedade de produtos destinados a ajudar a controlar a cárie dentária, estimulando a produção salivar, neutralizando o pH do biofilme e/ou melhorando a remineralização através do fornecimento de iões de cálcio e fosfato biodisponíveis.[144]

(i). Fosfopeptídeos de caseína-

Vários estudos demonstraram que os produtos à base de leite pareciam ter propriedades anticariogénicas em modelos animais. Assim, a atenção centrou-se na identificação dos agentes específicos à base de leite que eram responsáveis pelo **"efeito anticárie"**.[146]

Desenvolvimento da CPP-ACP:

A caseína é a fosfoproteína predominante no leite bovino e representa quase 80% do seu objetivo proteico total. A CPP tem uma capacidade notável para estabilizar o fosfato de cálcio em solução e aumentar substancialmente o nível de fosfato de cálcio na placa dentária.

Este facto levou ao desenvolvimento de uma tecnologia de remineralização baseada em complexos de fosfopéptidos de caseína estabilizados com fosfato de cálcio amorfo (CPP-ACP)[148] . A utilização da caseína não foi implementada devido às suas propriedades organolépticas adversas e à grande quantidade necessária para a sua eficácia. Em contrapartida, o CPP não tem estas limitações. O potencial para uma atividade anticariogénica específica é, pelo menos, 10 vezes maior, em termos de peso, para a CPP do que para a caseína.[146] Os fosfopeptídeos são os únicos responsáveis pela anticariogenicidade do caseinato, anteriormente relatada. (Reynolds et al, 1995)

Fosfopéptido de caseína - Fosfato de cálcio amorfo estabilizado (CPP-ACP):

O conceito de CPP-ACP como agente remineralizante foi postulado pela primeira vez por Eric Reynolds em 1998 na Universidade de Melbourne. Esta nanotecnologia proteica combina fosfoproteínas específicas do leite bovino (caseína) com nanopartículas formadoras de fosfato de cálcio amorfo (ACP). A proporção exacta é de 144 iões de cálcio mais 96 iões de fosfato e 6 péptidos de CPP.[148] A CPP-ACP foi confirmada como GRAS (Generally Recognized as Safe) pela Food and Drug Administration dos Estados Unidos da América e pode ser incorporada em produtos de higiene oral e alimentos. Foi demonstrado que quatro das principais CPP bovinas que contêm a sequência -Ser(P)-Ser(P)-Ser(P)-Glu- Glu-, em que Ser(P) representa um resíduo de fosfoserilo, estabilizam concentrações elevadas de iões de cálcio e fosfato em soluções metaestáveis supersaturadas relativamente às fases sólidas de fosfato de cálcio a pH ácido e básico (reynolds1997).[149] Em condições alcalinas, o fosfato de cálcio está presente como uma fase amorfa alcalina complexada pelo CPP. Os nano-complexos formam-se numa gama de pH de 5,0 a 9,0. Em condições neutras e alcalinas, os fosfopeptídeos de caseína estabilizam os iões de cálcio e fosfato, formando soluções metaestáveis que são supersaturadas em relação às fases básicas de fosfato de cálcio. A quantidade de cálcio e de fosfato ligada pelos CPP aumenta com o aumento do pH, atingindo o ponto em que os CPP ligaram os seus pesos equivalentes de 149
cálcio e fosfato.

Taxa de remineralização:

As soluções de fosfato de cálcio estabilizadas com CCP podem remineralizar lesões subsuperficiais do esmalte a taxas de 1,5 a 3,9 x 10^{-8} mol de hidroxiapatite m^{-2} s^{-1} (reynolds1997). O PCC pode estabilizar mais de 100 vezes mais fosfato de cálcio do que é normalmente possível em solução aquosa a pH neutro e alcalino antes da precipitação espontânea. No processo de mineralização, o ACP e o fosfato dicálcico di-hidratado (DCPD) e o fosfato octacálcico (OCP) da fase cristalina têm sido implicados como intermediários na formação de hidroxiapatite (HA), dependendo do pH e do grau de saturação. Assumindo que o mineral depositado nas lesões remineralizadas é predominantemente HA, a taxa média máxima de remineralização foi de 3,9 ± 0,8 x 10^{-8} moles HA/m^2 durante o período de dez dias.

EC Reynold (1998) efectuou um estudo em modelo humano de cárie *in situ* e avaliou a capacidade de uma solução de CPP-ACP a 1,0% como enxaguatório bucal, duas vezes por dia, para prevenir a desmineralização do esmalte. Descobriram que a utilização duas vezes por dia da solução de CPP-ACP a 1,0% resultou num aumento de 144% no nível de cálcio e num aumento de 160% no nível de fosfato inorgânico na placa de esmalte recuperada do aparelho intra-oral removível utilizado no estudo e que o CPP-ACP produziu uma redução de 51 ±19% na perda mineral do esmalte causada pela exposição frequente à solução de açúcar.[150]

Utilizações:

De acordo com o fabricante (GC America), o CPP-ACP é um agente cariostático útil para o controlo da cárie dentária. Pode ser utilizado como

- Uma terapia preventiva adjuvante para reduzir a cárie em pacientes de alto risco,
- Reduzir a erosão dentária em pacientes com refluxo gástrico ou outros distúrbios,
- Para reduzir a descalcificação em pacientes ortodônticos,
- Para reparar o esmalte em casos de lesões de manchas brancas,
- Para tratar a fluorose,
- Para reduzir a descalcificação antes e depois do branqueamento dentário; e
- Para tratar a dessensibilização dos dentes.

(ii) . Beta Fosfato tricálcico (TCP):

O fosfato tricálcico tem a fórmula química $Ca3\ (PO4)_2$, que existe em duas formas, alfa e beta. O alfa-FTC é formado pelo aquecimento do esmalte humano a altas temperaturas. É um material relativamente insolúvel em ambientes aquosos (2mg/100 mL em água). O beta TCP cristalino pode ser formado combinando carbonato de cálcio e hidrogenofosfato de cálcio e aquecendo a mistura a mais de 1000 graus Celsius durante 1 dia, para obter um pó duro e escamoso. O TCP é menos solúvel do que o alfa TCP, pelo que, numa forma não modificada, é menos suscetível de fornecer cálcio biodisponível. É utilizado em produtos como Cerasorb®, Bio-Resorb® e Biovision®.[148] O TCP é considerado como um meio possível para aumentar os níveis de cálcio na placa bacteriana e na saliva. **GL Vogel et al (1998)** encontraram pequenos efeitos nos níveis de cálcio e fosfato livres no fluido da placa bacteriana e na saliva quando uma pastilha experimental foi mastigada com 2,5% de alfa-TCP em peso, em comparação com uma pastilha de controlo sem adição de TCP.[148]

Uma das principais desvantagens destas utilizações do TCP é a formação de complexos cálcio-fosfato ou, se estiverem presentes fluoretos, a formação de fluoreto de cálcio, o que inibiria a remineralização ao reduzir os níveis de cálcio e fluoreto biodisponíveis no ambiente. Por esta razão, os níveis de TCP são mantidos muito baixos, na ordem de menos de 1%, ou o TCP pode ser combinado com uma cerâmica, como o dióxido de titânio ou outros óxidos metálicos, para limitar a interação entre o cálcio e o fosfato e tornar o material mais estável em solução ou suspensão.[150] A tecnologia TCP actua como o melhor agente remineralizante em pH neutro ou ligeiramente alcalino. RL Karlinsey efectuou um teste laboratorial utilizando modelos de esmalte bovino e demonstrou um aumento da microdureza da superfície e da incorporação de flúor nas camadas exteriores do esmalte com TCP.[148]

Namrata et al (2013) realizaram um estudo para descobrir a eficácia do fosfopeptídeo de caseína-fosfato de cálcio amorfo (CPP-ACP), do fosfopeptídeo de caseína-fosfato de cálcio amorfo fluoreto (CPP-ACPF) e do fosfato tricálcico fluoreto (TCP-F) na remineralização da superfície do esmalte e foram analisados utilizando DIAGNOdent e SEM. O TCP-F mostrou uma quantidade marginalmente maior de remineralização do que o CPP-ACP.[50]

(iii) . Aplicação de vidros bioactivos:

O vidro bioativo tem efeitos profundos nos tecidos duros dentários. Estes materiais são bem conhecidos pelas suas propriedades bio-indutivas. O "Novamin" pertence a uma classe de materiais conhecidos como **"vidros bioactivos"**.[151] A tecnologia NovaMin foi desenvolvida pelo Prof. Dr. Gary Hack e pelo Prof. Dr. Leonard Litkowski, da Universidade de Maryland, Baltimore (UMB). A NovaMin 152 foi adquirida pela GlaxoSmithKline, em 2009.[152]

Mecanismo de ação:

Os vidros bioactivos podem interagir com o esmalte e a dentina. Os vidros bioactivos facilitam a deposição de hidroxiapatite quando expostos a fluidos que contêm cálcio e fosfato, como os fluidos tubulares ou a saliva.[50] Em ambientes aquosos, liberta iões de sódio (Na^+) imediatamente (no espaço de um minuto), que começam a trocar com catiões de hidrogénio (H^+ ou $H3O^+$) eerrson1991, Cerruti. Esta troca rápida de iões permite que as espécies de cálcio (Ca^{2+}) e de fosfato (PO 3_4^-) sejam libertadas da estrutura da partícula. Estas partículas fixam-se igualmente à superfície do dente e continuam a libertar iões e a remineralizar a superfície do dente após a aplicação inicial. Foi demonstrado que estas partículas libertam iões e se transformam em HCA durante um período máximo de duas semanas.

153 Em última análise, estas partículas transformar-se-ão em HCA.[153]

A reação química que dá origem à hidroxilapatite é:-

$5Ca2^+ + 3PO4^{3-} + OH^- \rightarrow Ca5\ (PO4)3(OH)$

Utilizações:

- Acções de remineralização reforçadas, pelo que pode ser utilizado em esmalte hipomineralizado,
- Qualidades dessensibilizantes, pelo que pode ser utilizado na hipersensibilidade dentinária,
- Inibição do desenvolvimento de cáries, uma vez que tem benefícios antimicrobianos/anti-inflamatórios,
- Eficaz em procedimentos de enxerto ósseo, tem sido utilizado em defeitos periodontais e procedimentos de aumento do rebordo.[148]

Vantagens:

- Estes ingredientes são uma combinação de elementos que ocorrem naturalmente, o que reduz a possibilidade de reacções alérgicas,
- Os óculos bioactivos não dependem do fluxo de saliva; também reagem com a água, tornando a remineralização possível para pacientes com xerostomia.
- Os vidros bioactivos diminuem a rugosidade da superfície, promovendo uma superfície mais lisa e menos resistente à placa bacteriana e às manchas.[148]

(iv) . Fosfato dicálcico desidratado (DCPD):

O fosfato dicálcico di-hidratado (DCPD) tem uma fórmula química de $CaHPO_4$ $\cdot 2H_2O$. Trata-se de um pó cristalino branco, inodoro e insípido. É praticamente insolúvel em água; contudo, é solúvel em solução clorídrica diluída

148

e ácido nítrico. É insolúvel em álcool e tem um pH de 6,9-8,1.[148]

Tem sido utilizada em alguns dentífricos fluoretados para aumentar os efeitos remineralizantes do componente fluoretado. A inclusão de DCPD aumenta os níveis de iões de cálcio livres no fluido da placa bacteriana, e estes permanecem elevados até 12 horas após a escovagem, quando comparados com os dentífricos de sílica convencionais.[154]

(v) . Esmalte:

O Enamelon é constituído por sais de cálcio e de fosfato não estabilizados com fluoreto de sódio. Os sais de cálcio são separados dos sais de fosfato e do fluoreto de sódio por uma divisória de plástico no centro do tubo da pasta de dentes.

Estudos clínicos efectuados por Pappas et al (2008) indicaram que a incidência de cáries da superfície radicular em pacientes de radioterapia que utilizaram o dentífrico Enamelon durante 12 meses foi superior a um dentífrico fluoretado convencional.[155] Uma propriedade inerente do Enamelon™ é que o cálcio e o fosfato não são estabilizados, permitindo que os dois iões se combinem em precipitados insolúveis antes de entrarem em contacto com a saliva ou o esmalte, enquanto as fosfoproteínas da caseína estabilizam o cálcio e o fosfato.[150]

4) . Intervenções cirúrgicas:

a) . Preparações convencionais: G B Black apresentou um sistema de desenhos de cavidades para restauração em vez de lesões de cárie em si. Segundo ele, não era possível remineralizar a lesão inicial e, em áreas onde a cárie não pode ser controlada por qualquer outro meio, as margens da cavidade foram colocadas em "áreas de autolimpeza" para que os pacientes pudessem controlar a sua própria doença. Este facto levou a que a cavidade inicial fosse maior do que a desejada. Não foi possível limitar a extensão do envolvimento de um sistema de fissuras oclusais porque a margem de uma restauração de amálgama requer uma preparação alargada. Uma das principais deficiências era o facto de não ser possível registar a diferença de tamanho entre a lesão inicial e a avançada, o que, por sua vez, significava que não havia reconhecimento da complexidade crescente das técnicas de restauração.[3] A estética natural de um dente era geralmente comprometida devido à extensão da restauração e a oclusão era facilmente perturbada pelo envolvimento extensivo da superfície oclusal, levando, indesejavelmente, a uma inter cúspide mais profunda dos dentes opostos.[136] O desenho da preparação da cavidade e a seleção do material de restauração dependem da carga oclusal e dos factores de desgaste. Foi proposto que a classificação de G.V. Black dos desenhos de cavidades fosse substituída por um novo sistema de classificação defendido por Mount e Hume, tal como indicado na tabela nº. 10

CARIES CLASSIFICATION SYSTEM BASED ON LESION SITE AND SIZE.*

LOCATION	CLASSIFICATION			
	1 = Minimal	2 = Moderate	3 = Advanced	4 = Extensive
Site 1: Pits and Fissures	1.1	1.2	1.3	1.4
Site 2: Proximal Surfaces	2.1	2.2	2.3	2.4
Site 3: Cervical Surfaces	3.1	3.2	3.3	3.4

* Classification system by Mount and Hume.

Tabela no. 10: Sistema de classificação de cáries de Mount e Hume

O raciocínio subjacente ao sistema de classificação das cavidades proposto por Mount e Hume é que só é necessário aceder às lesões e remover as áreas que estão infectadas e degradadas ao ponto de a remineralização já não ser possível. O novo sistema de classificação baseia-se no local e no tamanho da cavidade.[156]

b) . Brocas de diamante CVD: Há cerca de 20 anos, a deposição química de vapor (CVD) de diamantes tornou-se uma realidade. Em 1996, as brocas de diamante CVD (CVDentus, Clorovale Diamantes Ind. E.Com. Ltda, Paulo, Brasil) acopladas a uma peça de mão ultra-sónica foram introduzidas na medicina dentária para eliminar alguns problemas relacionados com as brocas de diamante tradicionais.[157]

As brocas de diamante CVD são obtidas com alta aderência do diamante como uma pedra única na superfície metálica com excelente desempenho de abrasão.

As brocas de diamante CVD, quando ligadas a uma peça de mão ultra-sónica, tornam-se uma opção para a preparação de cavidades, maximizando a preservação da estrutura dentária.[157] As brocas de diamante CVD apresentam um movimento oscilante unidirecional com um deslocamento máximo que varia entre 50 e 60µm, a frequências oscilantes que variam entre 25.000 e 32.000 Hz.

As brocas de diamante CVD acopladas a um dispositivo ultrassónico oferecem uma alternativa promissora para a remoção de lesões de cárie quando são necessários preparos cavitários ultraconservadores. Além disso, este sistema proporciona uma técnica menos dolorosa para a remoção de cáries, com o mínimo de ruído.[158]

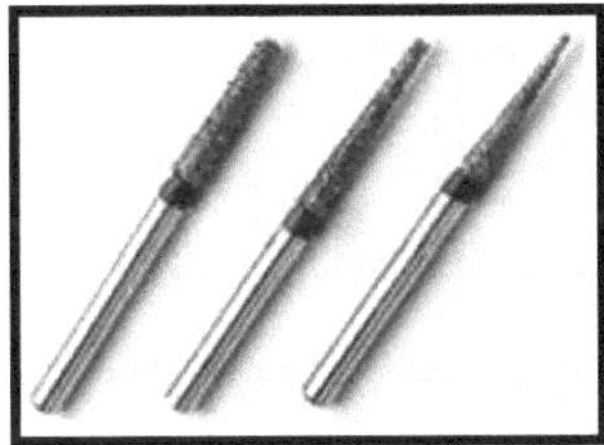

Figura no. 18 Brocas CVD - Brocas de fissura rectas e cónicas

As brocas de diamante CVD promovem preparações cavitárias mais precisas, resultando numa maior conservação da estrutura dentária sólida.

A tecnologia CVD tem duas vantagens principais: Permite preparações cavitárias mais precisas e reduz o desconforto do paciente normalmente gerado pelas vibrações mecânicas produzidas pela perfuração convencional durante a preparação dos dentes.[158] Valera e colegas, utilizando testes de abrasão e perfuração em materiais duros, concluíram que as brocas de diamante CVD apresentavam um desempenho superior em comparação com as convencionais.[159]

c) . Materiais:

Os materiais de restauração minimamente invasivos incluem ionómero de vidro, selantes de fossas e fissuras, compósitos fluidos, compósitos à base de resina e amálgamas preparados e selados de forma conservadora. Uma consideração importante das restaurações de resina é que os agentes de ligação atualmente utilizados são quase tão fortes como a estrutura natural do dente. As colas da sétima geração não são tão sensíveis à humidade como as colas anteriores e a humidade pode até aumentar a retenção dos selantes.[160]

Se a exploração da fissura ou cavidade resultar numa área escavada que possa ser melhor servida pela colocação de um compósito à base de resina, uma nova abordagem consiste em condicionar, enxaguar e secar a área, seguida da colocação de um selante para penetrar na superfície do dente durante 10 a 15 segundos na ausência de luz. O compósito é então comprimido na fissura ou cavidade com um pequeno queimador de bolas para melhorar a penetração não só do selante mas também da resina. O compósito é seguido de fotopolimerização durante pelo menos 40 segundos. [160]

GIC (Cimento de ionómero de vidro):

Os cimentos de ionómero de vidro foram introduzidos em 1971 por Wilson e Kent e o termo "ionómero de vidro" foi cunhado por Kent.[161]

As restaurações de cimento de ionómero de vidro (CIV) libertam fluoreto após a sua colocação no ambiente oral. Presume-se que este facto seja uma das razões para a diminuição da prevalência de cáries incipientes. Concentrações baixas (sub ppm) de flúor nas soluções ambientais têm um efeito significativo na desmineralização e remineralização do esmalte e da dentina (ten Cate, 1990; Almqvist e Lagerlof, 1993).

F Rezk-Lega et al (1991) observaram que a presença de proteínas e fosfato reduziu a libertação de flúor das restaurações de GIC. Eles atribuíram esse achado ao efeito estabilizador do fosfato e das proteínas no CaF_2 formado na superfície do CIV.[162]

Forsten (1991) realizou um estudo *in vitro* de dois anos em que as restaurações GIC foram lixiviadas em água corrente e mostrou que a libertação de flúor foi particularmente elevada durante os primeiros dias após a colocação das restaurações, e caiu para 10-30% dos valores iniciais após três dias. Durante o segundo ano de enxaguamento, a libertação de flúor atingiu um valor muito baixo e constante, ainda significativamente diferente do nível de flúor na água da torneira.[163]

Num estudo realizado por J. M. TenCate et al (1995), observaram os efeitos das restaurações com GIC na desmineralização e remineralização de lesões de esmalte e dentina, num modelo in vitro e intra-oral, respetivamente. Foram observados padrões anómalos de absorção de cálcio pelos espécimes (com GIC) durante a fase de desmineralização e de perda de cálcio durante a fase de remineralização. Este facto foi hipoteticamente explicado a partir do estudo SEM sobre o comportamento de um revestimento de superfície nas restaurações de GIC.[164] Os cimentos de ionómero de vidro são únicos na medicina dentária, exibindo a capacidade de se ligarem quimicamente através da troca iónica ao esmalte e à dentina com uma excelente longevidade. Atualmente, a grande fraqueza dos materiais de restauração de plástico padrão é a sua incapacidade de evitar micro-fugas. Os ionómeros de vidro são os únicos materiais que vedam completamente a entrada de bactérias. Ao mesmo tempo, é criada uma zona de inibição à volta da restauração através da libertação de flúor e o esmalte e a dentina tornam-se mais resistentes à acumulação de placa bacteriana e ao ataque ácido, naquilo que é descrito como um efeito de "halo".[165]

A adesão por permuta iónica é conseguida através do condicionamento da superfície do esmalte e da dentina para remover a camada de smear layer e quaisquer detritos da superfície. O processo de condicionamento não só actua como um produto de limpeza, mas também aumenta a energia da superfície do dente, preparando-o para uma humidificação bem sucedida com o cimento de ionómero de vidro.[165]

<u>A libertação de flúor do ionómero de vidro oferece as seguintes vantagens:</u>

> Concentrações mais elevadas de fluorapatite formar-se-ão à volta das margens da restauração, criando uma interface mais forte, mais resistente a ácidos e a micro fugas entre a estrutura dentária e a restauração.

> O flúor actuará como um catalisador para a remineralização das superfícies dentárias desmineralizadas. As superfícies dentárias adjacentes em contacto com o ionómero de vidro terão o potencial de remineralização.

> Um dente altamente fluoretado tem uma energia de superfície mais baixa, o que desencoraja a acumulação de placa bacteriana.

> Os Streptococcus mutans não se desenvolvem na presença do ião fluoreto.

Os CIVs têm um efeito inibidor da cárie que se deve principalmente à sua libertação prolongada e sustentada de flúor. O flúor é utilizado como um fundente durante o processo de fabrico do pó de vidro e não é uma espécie formadora de matriz. Este flúor está disponível para ser libertado a partir do cimento endurecido, de modo a influenciar o tecido dentário imediatamente circundante, bem como qualquer superfície adjacente.[166]

O fluoreto inerente esgota-se rapidamente nos primeiros meses. No entanto, o cimento tem a capacidade de absorver mais fluoreto do ambiente, dependendo do gradiente de concentração. Pensa-se que isto pode continuar durante toda a vida da restauração e, por isso, o GIC actua como um reservatório de flúor.[165] Pensa-se que os GICs são sistemas de flúor "recarregáveis" com a sua capacidade de serem recarregados pela exposição ao flúor em solução, actuando assim como reservatórios de flúor que podem ser libertados para a saliva, placa bacteriana e tecidos dentários, ao longo do tempo e dadas as condições adequadas.

O fator mais importante em relação ao ionómero de vidro é que se trata de um material à base de água e a água desempenha um papel significativo na reação de fixação, bem como na sua estrutura final.[166]

O ionómero de vidro convencional é constituído por um vidro básico e um pó ácido solúvel em água que endurece por reação ácido-base entre os dois componentes. Uma das principais vantagens do GIC é o facto de aderir aos tecidos duros dentários.[167]

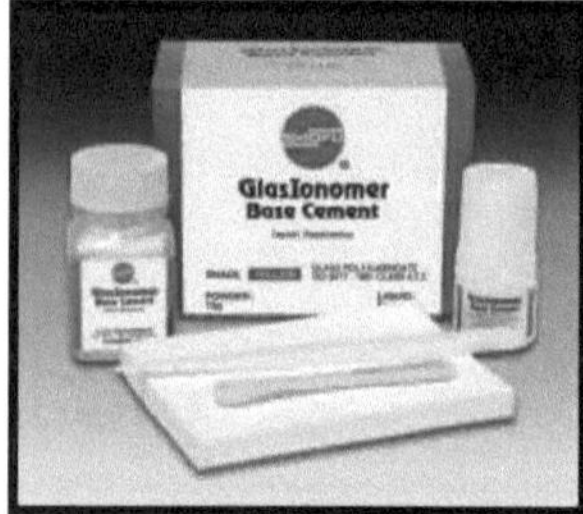

Figura no. 19: Sistemas de ionómero de vidro em pó e líquido Shofu

Definição Reação:

Os GIC convencionais são formados por uma reação complexa entre o líquido (ácido) e o pó (básico). Ao misturar o pó e o líquido, o ácido ataca o vidro, provocando a degradação da superfície do vidro e a libertação de iões metálicos como o estrôncio, o cálcio, o alumínio, os iões fluoreto e o ácido silícico. Os iões metálicos reagem com os grupos carboxilo (COO-) para formar um sal poli-ácido, que se torna a matriz do cimento, e a superfície do vidro torna-se um hidrogel de sílica. Os núcleos não reagidos das partículas de vidro permanecem como material de enchimento.[165]

A reação de endurecimento fica completa em minutos, mas continua a "amadurecer" durante os meses seguintes. Isto deve-se predominantemente à reação lenta dos iões de alumínio e é a causa da sensibilidade do material de presa ao equilíbrio da água.[165] O material de presa tem de ser protegido da contaminação salivar durante várias horas, caso contrário a superfície torna-se fraca e opaca, e da perda de água durante vários meses, caso contrário o material encolhe, fissura e pode descolar.[168]

Vantagens: Adesivo

Estética

Ação libertadora de flúor

Desvantagens: Frágil

Suscetível à erosão e ao desgaste[165]

RMGIC (Cimento de Ionómero de Vidro Modificado por Resina):

Numa tentativa de proporcionar uma maior libertação de flúor e obter uma resistência de união adequada comparável à dos compósitos, foi desenvolvida uma combinação de GIC e resina composta para criar "cimentos híbridos" que permitem uma presa rápida, diminuem a contaminação por humidade e aumentam a taxa de desenvolvimento de resistência. Estes materiais destinam-se a ultrapassar as desvantagens dos GIC convencionais, preservando simultaneamente as suas vantagens clínicas.[169] Os RMGICs foram introduzidos na medicina dentária de restauração no final da década de 1980.[166] Utilizam uma combinação de mecanismos de presa. Após a mistura de pó e líquido, a estrutura de ionómero de vidro resultante deve ainda ser formada predominantemente por uma reação ácido-base. A polimerização da resina reforça ainda mais esta estrutura, melhorando a resistência coesiva e a resistência à fratura. O primeiro RMGIC a ser desenvolvido e comercializado foi um cimento de revestimento (Vitrebond 3M Dental, St Paul, MN, EUA), mas existem atualmente outras versões disponíveis.[166] O componente em pó é constituído por partículas de vidro de fluoroaluminossilicato lixiviáveis por iões e iniciadores para polimerização por luz e polimerização química. O componente líquido contém água e ácido poliacrílico ou ácido poliacrílico modificado com monómeros de metacrilato e metacrilato de hidroxietilato (HEMA). Estes dois componentes são responsáveis pela polimerização.[165]

Reação de endurecimento: O RMGIC tem um mecanismo de endurecimento por três reacções, quando o pó e o líquido são misturados; inicia-se uma reação ácido-base semelhante à do GIC convencional. Além disso, este material pode ser curado rapidamente por ativação de luz a partir do dispositivo de cura por luz visível. A luz ativa a polimerização radical livre do hidroxietilmetacrilato (HEMA) e de outros dois monómeros para formar uma matriz de poli HEMA que endurece o material. A terceira reação é uma auto-cura dos monómeros da resina.

Vantagens: Maior resistência de ligação do que os GIC convencionais

Melhoria do tempo de fixação,

169 Tempo de trabalho mais longo

O desempenho clínico de dois cimentos de ionómero de vidro (CIV) em molares primários: um cimento convencional (Fuji II®) e um cimento modificado com resina (Vitremer®) foi comparado por S. Hubel et al (2003) e verificou-se que o CIV modificado com resina oferecia vantagens sobre o CIV convencional para restaurar cáries aproximadas em molares primários.

Outro estudo efectuado por A.R. Prabhakar et al (2009) avaliou a eficácia dos cimentos de ligação em termos de capacidade de retenção e potencial de inibição da desmineralização. Verificaram que o valor médio de retenção foi mais elevado com o cimento de resina, seguido do RMGIC.[56]

A libertação in-vitro de flúor (F) de 4 materiais de restauração (3M ESPE): Ketak Molar Easymix (cimento de ionómero de vidro convencional (GIC)) Rely-X luting 2 (RMGIC) Vitremer (VIT-RMGIC); e Filtek Z250 foi avaliado por GR Basso et al. (2011) e verificou-se que o RMGIC liberta mais F do que os outros materiais em todos os períodos. A maior libertação de F ocorreu no primeiro 24 horas.[58]

KETAC Molar:

Em 1997, a 3M ESPE lançou o Ketac Molar, um produto que provou o seu valor muitos milhares de vezes desde então. O Ketac Molar Easymix representa a mais recente contribuição para o desenvolvimento do GIC. Tem uma excelente resistência à compressão e à flexão e, por isso, é capaz de contrariar a carga oclusal, evitando a fratura da restauração. Efeitos remineralizantes do Ketac Molar: O Ketac Molar demonstrou inibir a desmineralização do esmalte em estudos de cáries artificiais.[170]

O elevado rácio pó/líquido do Ketac Molar confere-lhe uma excelente resistência, mas permite a libertação e recarga de flúor, possibilitando a remineralização do substrato dentário adjacente.[62] Os estudos clínicos, em particular, fornecem provas da eficácia do Ketac Molar como restauração. Relativamente aos procedimentos ART, são apresentados bons dados a três anos em dois estudos separados, e um outro estudo apresenta resultados a um ano. É importante que o Ketac Molar, um ionómero de vidro viscoso, tenha demonstrado um bom desempenho tanto como restauração como selante quando colocado utilizando a "técnica do dedo de pressão".[61]

O tratamento reparador atraumático (ART) é uma abordagem que foi inicialmente desenvolvida para prestar cuidados preventivos e reparadores a pessoas em países de baixo rendimento. Nos últimos anos, a utilização do ART estendeu-se a países como os EUA, a Inglaterra, a Escócia e os Países Baixos. O ART é atraumático (sem uso de anestesia) porque a cárie é removida com uma escavadora de colher (presumivelmente até o paciente estremecer); no entanto, a ausência de "trauma" é inerentemente difícil de definir e ainda mais difícil de medir. Uma vez que o ART não é um tratamento restaurador definitivo, o "A" e o "R" são, na minha opinião, termos deslocados.[64]

O ART tem as vantagens de reduzir a dor e o medo e de ser mais económico do que a abordagem tradicional utilizando amálgama. Verificou-se que vários factores, como o material, o tipo de cavidade e o tamanho da cavidade, estão associados à longevidade das restaurações ART.[61]

Kemoli et al (2009), mostrou a melhor taxa de sobrevivência para restaurações ART proximais num estudo sobre a taxa de sobrevivência de restaurações ART proximais: resultados de dois anos.[61]

***Efeitos remineralizantes do Ketac Molar*:**

Foi demonstrado que o Ketac Molar inibe a desmineralização do esmalte em estudos de cáries artificiais. A microscopia de luz polarizada foi utilizada para medir a largura das zonas de inibição criadas por vários materiais contra o ataque ácido ao esmalte. O Ketac Molar deu zonas livres de desmineralização de 25% em comparação com o Fuji IX com 21%. É relatado que a solução desmineralizadora artificial utilizada, que tinha um pH de 4,7, causou uma perda significativa da superfície erosiva de 51 microns para o Fuji IX em comparação com 9 microns para o Ketac Molar.[170]

Efeito antibacteriano do Ketac Molar:

O efeito antibacteriano do Ketac Molar e de outros materiais contra o Streptococcus mutans foi estudado por Boeckh. No teste de ensaio, apenas o Ketac Molar foi capaz de inibir o crescimento bacteriano, sendo que os outros materiais testados permitiram a proliferação das bactérias.[63]

Efeitos protectores da cárie do Ketac Molar:

O efeito protetor do Ketac Molar e de outros materiais de restauração de ionómero de vidro foi avaliado por N Kotsanos (2001) através de medições da microdureza de cavidades em esmalte bovino sólido. As placas de dentes esterilizadas com as restaurações de teste foram inseridas em próteses usadas por voluntários e foram expostas a condições cariogénicas durante 70 dias. Em comparação com o controlo de resina composta, o Ketac Molar teve um efeito protetor contra a cárie de 69%, um resultado estatisticamente significativo.[172]

Também foi efectuado por Milton Hupt et al (1994) um estudo sobre o sucesso, ao longo de 9 anos, da restauração de resina composta/sealante, para selagem de cáries de fissura para prevenção em vez de "extensão da cavidade para prevenção". Demonstrou que a restauração preventiva de resina composta/sealant produziu excelentes [59] resultados a longo prazo.

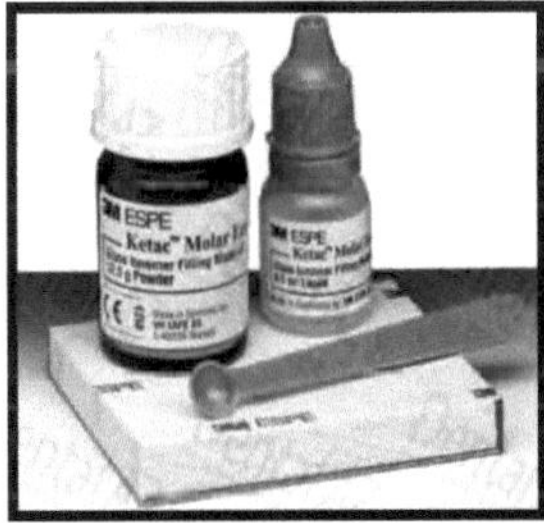

Figura n.º 20: Sistema 3M ESPE Ketac Molar em pó e líquido

Outro estudo efectuado por Mickenautsch et al (2000) utilizou restaurações Ketac Molar e Fuji IX em cavidades de uma só superfície, incluindo o selamento de fissuras, em dentes permanentes. As taxas de sobrevivência ao fim de um ano foram de 94% para o Ketac Molar e 93% para o Fuji IX; a retenção do selante foi de 76% e 81%, respetivamente.[60]

Selantes de fossas e fissuras:

O termo "selante de fossas e fissuras" é utilizado para descrever um material líquido quimicamente ativo que é introduzido nas fossas e fissuras oclusais dos dentes susceptíveis de cárie e que, após a aplicação, ou cura quimicamente (autopolimerização) ou é curado com uma fonte de luz visível (fotopolimerização). Deste modo, forma uma camada protetora ligada micromecanicamente que impede a invasão de bactérias produtoras de cáries e, simultaneamente, corta o acesso das bactérias produtoras de cáries sobreviventes à sua fonte de nutrientes.[173] Os selantes de fossas e fissuras foram introduzidos em 1971 com base nos estudos pioneiros de Buonocore.[68] A principal função dos selantes é alterar a morfologia das fossas e fissuras para formar uma barreira física eficaz entre a superfície do esmalte e o ambiente oral durante o maior tempo possível.[174]

Lyons (1999), do Ministério da Saúde da Nova Zelândia, referiu que "as restaurações preventivas de resina devem ser colocadas para restaurar fossas e fissuras profundas com cáries incipientes ou defeitos de desenvolvimento em dentes decíduos e permanentes".[171]

Anteriormente, os GIC eram utilizados para selantes de fossas e fissuras. Num estudo realizado por S. Poulsen et al (2001), foram comparados a retenção e o efeito preventivo da cárie de um ionómero de vidro desenvolvido para selar fissuras (Fuji III) e um selante de fissuras à base de resina polimerizada quimicamente (Delton). Após 3 anos, o selante de ionómero de vidro tinha uma retenção mais fraca, bem como um menor efeito protetor contra a cárie do que o selante à base de resina.[171]

Atualmente, os compósitos fluidos são utilizados para a aplicação de selantes de fossas e fissuras. Os compósitos fluidos oferecem a vantagem da colocação da ponta da agulha nas pequenas preparações conservadoras de restaurações de resina preventivas. Tipos de superfícies cariadas tratadas:

1. Grupo A: Fossas e fissuras profundas susceptíveis de cárie.

O tamanho da preparação é muito pequeno.

A resina não preenchida ou o selante é utilizado para restaurar a preparação da lesão cariosa.

2. Grupo B: Lesões cariosas exploratórias mínimas.

Como as cáries podem ser exploradas, a preparação tem de ser alargada. A restauração requer a adição de algum material de enchimento à resina não preenchida.

3. Grupo C: Lesão cariosa isolada

A lesão cariosa é definitiva e requer uma preparação considerável da cavidade

Pode exigir a preparação de um pequeno bisel na margem da superfície do cavo

A camada não preenchida seguida do compósito preenchido é introduzida na preparação.

Vantagens: É necessária uma preparação mínima da cavidade. Assim, evita a remoção desnecessária de estrutura dentária saudável para a retenção.[25]

(i) . Escolha e aplicação do selante:

Os vedantes tradicionais incluem compósitos fluidos, compómeros fluidos,

(ii) . Agentes de colagem de resinas para esmalte:

A utilização do condicionamento com ácido fosfórico a 37% durante 15 a 30 segundos (para dentes decíduos e permanentes) no esmalte é um método muito bem sucedido de criar uma superfície aceitável para adesão com um material de ligação de resina não preenchida. O condicionamento ácido desmineraliza o esmalte até uma profundidade de 50 micrómetros, deixando uma superfície porosa e de alta energia, ideal para obter uma retenção micromecânica com uma ligação de resina. A resina de ligação utilizada para aderir ao esmalte é hidrofóbica e, por conseguinte, a superfície do esmalte gravado deve ser seca para permitir o fluxo efetivo da resina para a superfície porosa. Desde que o isolamento tenha sido mantido durante a colocação, a longevidade da ligação ao esmalte tem sido muito bem sucedida.[25] Um novo sistema adesivo atualmente disponível para utilização com alguns compósitos modificados com poliácidos afirma que o condicionamento ácido do esmalte não é necessário antes da colocação do material. Estes adesivos são descritos como "auto-condicionantes"; no entanto, a investigação sobre a ligação ao esmalte demonstrou que a integridade marginal e a adesão podem ser comprometidas se o esmalte não for condicionado.[175] O efeito preventivo das cáries do cimento de ionómero de vidro de alta viscosidade (CIV) utilizado como selante oclusal em primeiros molares permanentes recentemente irrompidos por Fernansa Barja-Fidalgo et al (2009) concluiu que pode proporcionar um certo nível de proteção contra as cáries dentárias quando utilizado como selante dentário.[67]

P Francescut et al. (2006) testaram e compararam 3 procedimentos de fissura diferentes da abordagem não invasiva utilizando um selante convencional não preenchido e um compósito fluido e concluíram que a correlação entre a penetração do material e a microinfiltração podia ser estatisticamente significativa.[65]

Técnica de Intervenção Mínima

a. Abrasão pelo ar:

A abrasão a ar é um método pseudo-mecânico e não-rotativo de corte e remoção de tecido duro dentário. O conceito de abrasão a ar que direciona uma partícula abrasiva de alta velocidade para a estrutura dentária para a preparação de cavidades não é uma tecnologia nova.[10]

A abrasão a ar é uma tecnologia antiga que está a encontrar um novo lugar na medicina dentária moderna e científica. Foi redefinida a partir das aplicações originais da década de 1950, quando a educação dentária se dedicava a preservar o dogma e as teorias das técnicas operatórias, centrando-se na extensão para a prevenção, e está a ser novamente redefinida como microabrasão a ar quando aplicada ao nível microscópico.[1]

No final dos anos 40 e início dos anos 50, o Dr. Robert B. Black desenvolveu instrumentos e técnicas de airabrasão aplicáveis à filosofia dentária da sua época. Black investigou métodos de preparação dos dentes que eliminariam o trauma e o desconforto associados aos instrumentos rotativos. O seu trabalho e investigações resultaram na unidade de abrasão a ar original, a unidade S.S. White AirDent (SS White, Lakewood NJ). A física de um fluxo de ar micro-abrasivo e a instrumentação rotativa representam duas formas de energia completamente diferentes e têm resultados completamente diferentes. Os instrumentos rotativos são uma forma de energia mecânica. A abrasão a ar é uma forma de energia cinética. Os instrumentos rotativos funcionam para remover a estrutura dentária indiscriminadamente, principalmente através da aplicação lateral de força.

A abrasão a ar tende a funcionar linearmente, mas a abrasão a ar também pode seguir a estrutura dentária insalubre, girando em ângulos superiores a 90^0 à medida que as lesões cariosas são encontradas e desviando o fluxo de ar abrasivo para estruturas hipocalcárias.[176]

Técnica: [176]

Existem três ferramentas essenciais em que o micro-dentista se baseia quando utiliza a micro-abrasão a ar:

1) . o 1st dentista deve ter bons instrumentos de ampliação para diagnosticar, ver e realizar a micro-dentisteria com precisão.

2) . a próxima ferramenta do micro-dentista é o corante de deteção de cáries, que é utilizado para seguir o progresso do processo de remoção de cáries.

3) . Em terceiro lugar, o dentista deve ter uma unidade de abrasão a ar que seja razoavelmente ajustável e reactiva.

Princípio: A unidade executa uma ação de corte ao impingir partículas de pó com arestas vivas contra uma superfície. Um fluxo cilíndrico de pó/ar converge do bocal para uma curta distância (aproximadamente 0,5-1,6 mm) e depois diverge em forma de cone. O ponto de máxima convergência proporciona o efeito máximo.

O dentista deve segurar a ponta de abrasão a ar a cerca de 1 mm perpendicularmente à superfície de vidro de um espelho descartável de superfície posterior. Com um ajuste médio do fornecimento de pó e da pressão de ar, pode premir o pedal para ativar o fluxo abrasivo.[176]

A compreensão da diferença entre instrumentação rotativa e micro abrasão a ar requer apenas a aplicação básica e elementar de física ao nível do ensino secundário. Os danos causados ao dente por uma broca de carboneto cirúrgico são completamente indiscriminados, dependendo da orientação do operador. A energia mecânica de uma broca rotativa destrói indiscriminadamente tudo o que toca, enquanto micro-fratura o esmalte circundante, algo que não pode ser feito com o óxido de alumínio normalmente utilizado na micro-abrasão a ar.[177] Quando comparada entre a medicina dentária convencional de "extensão para prevenção" e a micro-dentisteria:

Extensão para a prevenção	Micro-dentisteria
Berbequim rotativo	Abrasão por ar
Preparação de cavidades profundas e angulares	Remover apenas o material dentário afetado
Concebido para reter o material de enchimento	Restaurações com adesivo
	Novo reconhecimento das
Enchimentos de amálgama	principais caraterísticas

Conhecimento rudimentar da estrutura dentária	estruturais anatómicas dos dentes

Quadro n.º 11: comparação entre a dentisteria operatória convencional e a micro-dentisteria

(i) . Ampliação e iluminação:

O diagnóstico precoce e exato da cárie é um princípio básico da micro-dentisteria. A cárie começa ao nível microscópico; por conseguinte, qualquer planeamento de tratamento eficaz deve abordar a cárie a este nível. O processo de cárie deve ser compreendido primeiro, antes de o aluno poder prosseguir.[176] A cárie começa ao nível microscópico. O olho nu só pode diagnosticar lesões que já atingiram o nível macro, altura em que uma quantidade significativa de estrutura dentária foi destruída desnecessariamente. G.V. Black, nos seus últimos anos de vida, reconheceu a dificuldade de diagnosticar com exatidão a cárie e defendeu a intervenção precoce: "Deve ser utilizado um explorador afiado com alguma pressão e, se for necessário puxar muito ligeiramente para o remover, a cavidade deve ser marcada para restauração, mesmo que não haja sinais de cárie"[178] . A utilização do explorador é uma técnica antiga, mas atualmente não é utilizada.

(ii) . Caso do corante para deteção de cáries: [176]

O corante de deteção de cáries (CARIES DETECTER DYE) é um componente essencial da micro-dentisteria, tanto na fase de diagnóstico como na fase operatória. Utilizado em conjunto com a ampliação, o corante detetor de cáries aumenta a capacidade do dentista para diagnosticar estruturas dentárias insalubres e cáries a nível microscópico, permitindo muitas vezes restaurações preventivas e minimamente invasivas em vez de macro-obturações destrutivas à escala real.[176] O atual corante para deteção de cáries é orgânico e não tóxico. O atual corante de deteção de cáries é orgânico e não tóxico. Existem vários corantes aprovados no mercado.[176] Princípio: Ao corar a dentina infetada, irreversivelmente desnaturada e não remineralizável, o corante para deteção de cáries é um auxiliar eficaz no diagnóstico precoce. Basicamente, cora a dentina desmineralizada. A capacidade de diagnóstico do corante pode conservar a estrutura dentária saudável, mantendo as preparações num tamanho mínimo. Apenas o material manchado precisa de ser removido e a utilização do corante assegura que a preparação está livre de cáries antes de restaurar o dente.[176]

A cárie precoce é caracterizada por uma rutura da estrutura do dente sob a forma de um aumento da hipo-mineralização. Estas rupturas, muitas vezes microscópicas, são claramente demonstradas pelo aumento da absorção do corante através da estrutura descalcificada do dente, começando pelo esmalte. O corante de deteção de cáries é mais do que uma ferramenta de diagnóstico; é também um guia operatório, porque a coloração indica o percurso das lesões de cárie.[176] É utilizado antes, durante e após qualquer procedimento operatório. A preparação da cavidade pode agora ser limitada à estrutura dentária afetada; a dentina e o esmalte sãos não precisam de ser removidos. Ao concentrarse na estrutura dentária insalubre, a dor associada aos procedimentos operatórios que envolvem a dentina vital é minimizada. As preparações obtidas com a abrasão a ar exibem uma rugosidade uniforme do esmalte sem os ângulos de linha internos agudos caraterísticos das preparações com broca. Uma preponderância de evidências sugere que a tecnologia de abrasão a ar tem o potencial de preparar as superfícies de ligação da dentina e do esmalte para proporcionar uma força de ligação superior a outros materiais.[176]

Unidades abrasivas a ar:

A unidade de abrasão a ar é composta por modelos de mesa e de mão. Os dispositivos manuais não são geralmente adequados para a preparação de restaurações, mas são utilizados para preparar a superfície do dente, metal e compósito ou porcelana para colagem.

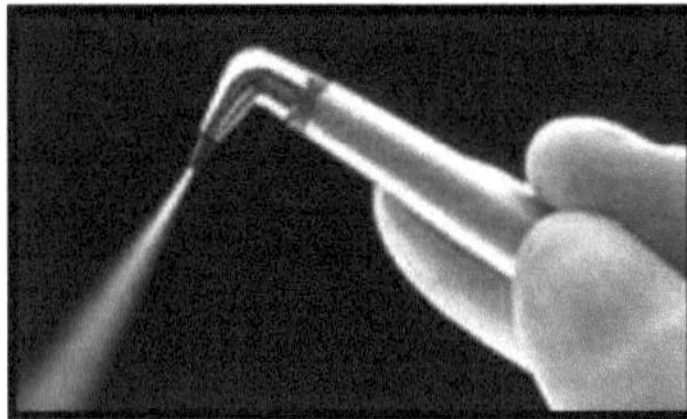

Figura n.º 21 Unidade de ar abrasivo com peça de mão

O controlo do operador é mecânico ou digital. O controlo mecânico é padrão em dispositivos de baixo custo e o seu controlo do caudal de pó é mais ténue do que o controlo digital, que fornece uma quantidade consistente e mínima de pó, mantendo uma elevada eficiência. Em dispositivos selecionados, o controlo digital também permite o modo de funcionamento por impulsos, fornecendo um fluxo de ar abrasivo interrompido com uma regulação de 0,5-2,0 segundos.

Ângulo da peça de mão:

A peça de mão e o bocal de abrasão a ar são amovíveis para facilitar a esterilização e têm ângulos de trabalho que variam entre 0 e 120 graus. Para as cáries de fossas e fissuras, uma ligeira angulação de 90 graus em relação à superfície oclusal é o ângulo de corte mais eficaz, produzindo uma preparação estreita com um mínimo de pulverização reflectida.

Pressão do ar:

Embora a maioria das unidades disponíveis funcione entre 40 e 140 psi, deve ser utilizada a pressão efectiva mais baixa para obter a preparação dentária pretendida.

Para a limpeza da superfície da fissura antes da aplicação do selante, é suficiente uma breve exposição a 40 psi, enquanto que uma remoção mais extensa da cárie pode exigir uma pressão de 80 psi ou mais. O dentista deve utilizar sempre a pressão de ar mais baixa necessária para efetuar um procedimento. Deve-se ter especial cuidado ao utilizar pressões de ar superiores a 80 psi. A pressão de ar tem uma relação direta com o desconforto do doente. O enfisema (ou êmbolos de ar, ar preso no tecido) é uma complicação possível de todos os tratamentos dentários, incluindo a abrasão por ar.[176]

Tamanho das partículas:

Os tamanhos de partículas mais comuns têm 27 ou 50 µm de diâmetro. As partículas maiores permitem ao clínico trabalhar mais rapidamente, mas resultam em preparações cavitárias comparativamente maiores do que aquelas com partículas de 27 µm.[179] Quanto maior for o tamanho e mais duras forem as partículas, maior é a energia cinética transferida para a superfície e, portanto, mais áspero é o acabamento final. Embora o pó de óxido de alumínio de 27 µ seja normal para a preparação intra-oral, algumas unidades são capazes de transportar o pó muito maior de 50 µ. É preferível reservar o pó maior para os trabalhos extra-orais, devido a este corte excessivo e à dificuldade de controlar o excesso de pulverização.[10]

O óxido de alumínio não contém sílica. Se inalado, as partículas de tamanho superior a 10µ não conseguem entrar nos alvéolos e são varridas da árvore brônquica pelos cílios respiratórios. O óxido de alumínio tem um baixo potencial para causar problemas respiratórios.[176]

Diâmetro do bocal:

O diâmetro do bocal varia entre 0,011 e 0,032 polegadas e está disponível em ângulos de 458, 678 e 908. Selecione um bocal que seja adequado para o procedimento. Quanto maior for o bocal, maior será o orifício criado. Para remover lesões grandes e restaurações existentes, utilize um bocal de 0,018 polegadas. Para a maioria das lesões pequenas, recomenda-se um bocal de 0,014 polegadas. Para um corte preciso, diagnóstico de fossas e fissuras oclusais, pequenas lesões de classe II e III, ou refinamento de restaurações de classe IV e V, é utilizado um bocal de 0,011 polegadas.[176] Deve ser escolhida uma angulação que proporcione o melhor acesso. A maioria dos preparos pode ser efectuada com uma boquilha 458, mas as boquilhas 678 ou 908 permitem um melhor acesso às superfícies oclusais dos molares superiores e às superfícies linguais dos dentes anteriores superiores. O bocal 458, 0,014 polegadas é usado para a maioria dos procedimentos.[176]

Direcionar o fluxo de partículas:

O fluxo de partículas sai da extremidade da ponta, tornando-a num dispositivo de corte final. A ponta do bico é mantida a uma distância de aproximadamente 1 a 3 mm da superfície que se pretende modificar. Isto é para permitir que as partículas descarreguem a sua energia cinética. Se for mantida mais perto, as partículas que saltam para trás impedirão as partículas que saem da peça de mão, reduzindo a eficiência do corte. Nunca direcionar o fluxo de partículas para uma câmara pulpar aberta ou para o sulco, porque provoca uma embolia aérea.[176]

Caudal de partículas:

A intensidade do fluxo ou caudal de partículas (g/min) é variável de 0 a 8g/min. Um bom padrão é aproximadamente 2g/min. Níveis mais elevados podem causar desconforto ao doente e, à medida que as partículas atingem determinados níveis de concentração, a velocidade e a eficácia do corte ficam comprometidas.[128]

Tempo de espera:

Quanto maior for a exposição, maior será o avanço da preparação. É aconselhável assegurar um bom acesso visual e confirmar frequentemente a extensão da preparação do dente, uma vez que a tatilidade associada à peça de mão rotativa convencional está ausente. A maioria das preparações de cavidades demora entre 30 segundos e 1,5 minutos. [176]

Taxa de corte:

Uma das caraterísticas mais importantes dos sistemas de abrasão a ar é a sua capacidade de remover apenas uma estrutura dentária mínima. A eficácia de corte dos dispositivos de abrasão a ar depende de uma série de factores, tais como (1) Tipo e diâmetro da ponta da peça de mão;

(2) Tamanho das partículas de óxido de alumínio;

(3) Pressão do ar;

(4) Distância entre a ponta da peça de mão e a superfície do dente.[132]

A ordem de facilidade no corte da estrutura dentária é (1) esmalte hipocalcificado da fossa, fissuras e sulcos; (2) esmalte; (3) dentina; e (4) cárie.

A velocidade de corte (remoção de material) aumenta à medida que o bocal se aproxima mais da superfície do dente. A taxa de corte também pode ser variada ajustando o fluxo de pó ou o fluxo de ar utilizando diferentes definições de pressão e pós e alterando o diâmetro do bocal. Com a experiência, é possível encontrar um equilíbrio confortável entre a velocidade de corte e o controlo do fluxo de pó. A maioria dos procedimentos de preparação pode ser facilmente realizada com cerca de 40- 60 psi e um caudal de pó de 2,5 g/min. A sensibilidade depende de muitos factores, especialmente da pressão do ar, do fluxo de pó e do tempo de permanência.[10] Um caudal de partículas mais elevado permitirá que mais partículas desgastem a superfície de trabalho mais rapidamente.[178] O esmalte corta mais lentamente do que a dentina, pelo que pode demorar 1 a 2 minutos a completar uma preparação de classe I num molar. A dentina macia e cariada absorve e dispersa o fluxo de partículas; é preciso estar atento ao local para onde a ponta e o fluxo são direcionados no dente. A utilização de uma broca redonda pequena (um quarto ou metade) é recomendada para cáries moles. O aumento do fluxo de pó e da pressão de ar aumenta a velocidade de corte, mas também pode aumentar o desconforto ou a sensibilidade do paciente.

Tipo de unidade de abrasão a ar: [176]

Modo contínuo sem escape:

Várias máquinas fornecem um fluxo contínuo de partículas abrasivas. Funcionam num modo ligado/desligado. Devido ao longo período de tempo necessário para que ocorra o escoamento através do bocal, as máquinas cortam efetivamente durante vários segundos após o corte de energia. O profissional deve evitar este tipo de máquinas.[176]

Modo contínuo com escape:

A caraterística de exaustão evita os problemas experimentados com a sangria através da peça de mão depois de o dentista desativar o pedal. Ao cortar em cavidades mais profundas, os cortes incrementais curtos são favoráveis. Ao cortar em cavidades mais profundas, os cortes incrementais curtos são favoráveis. O corte incremental permite a fuga do ar retido durante os intervalos entre as rajadas de ar, potenciando a eficiência de corte da partícula muito mais leve de 27 lm, preferida para preparações mais profundas.

Técnicas clínicas: [176]

Etapas do tratamento da cárie: A abrasão a ar é uma técnica que utiliza energia cinética para remover a estrutura dentária cariada. Uma poderosa corrente estreita de partículas de óxido de alumínio em movimento é direcionada contra a superfície a ser cortada. Quando estas partículas atingem a superfície do dente, desgastam-na, sem calor, vibração ou ruído.

Estes são passos típicos no tratamento de lesões cariosas com abrasão a ar:

1. com deteção de cáries.

2. Selecione um diâmetro de ponta médio (por exemplo, 0,014 polegadas) e selecione a angulação correta. Comece com uma pressão de ar relativamente baixa (menos de 60 psi) e um caudal baixo (menos de 2 g/seg). Coloque o bocal num ângulo reto e a uma distância não superior a 1 mm da superfície a tratar.

Pratique o traçado do trajeto das ranhuras, buracos e fissuras que serão seguidos pelo fluxo de ar cinético. Não faça movimentos aleatórios para a frente e para trás. Avance metodicamente de uma ponta à outra do dente.

3. Se a área suspeita estiver cariada, a humidade na área cariada irá apanhar as partículas de óxido de alumínio e as partículas subsequentes irão saltar, reduzindo a eficácia do corte.

4. Tente apontar o jato para dentro dos limites da cárie para evitar cortar áreas sólidas. A área cariada começará a dessecar, tornando-a mais fácil de cortar.

5. Comece com um disparo de 3 segundos a 80 psi, concebido para traçar os sulcos, fossas e fissuras da superfície oclusal de qualquer molar. O disparo deve ser interrompido em áreas de esmalte sólido, como o istmo que separa as fossas mesial e distal dos molares inferiores e as cristas oblíquas dos molares superiores. Não tente remover estrutura dentária sã ou ligar fissuras através de estrutura dentária sã. Se o fizer, enfraquece a integridade estrutural do dente, consome tempo valioso e anula totalmente o objetivo da microdentisteria.

6. Observar e diagnosticar a fossa e as fissuras limpas para detetar qualquer deterioração remanescente ou fendas e fissuras perdidas. Utilize rajadas curtas e controladas para remover os últimos sinais de qualquer mancha nas fissuras. Observe qualquer dentina exposta.

7. Remover a cárie e observar e diagnosticar novamente a cárie na dentina. Se não houver cárie, o

dente está pronto para ser restaurado.

8. Continue com uma definição de 80 psi ou inferior e um tamanho de partícula de 27 lm para a remoção de dentina/cárie, se esta estiver presente. À medida que a penetração no dente se torna mais profunda, utilize rajadas mais curtas e menos pressão de ar para conforto do paciente. Mapeie mentalmente todas as áreas de suspeita de cárie. Comece pela área menos afetada. Utilize rajadas curtas e controladas para remover qualquer dentina manchada ou cárie.

9. Pare frequentemente e observe qualquer dentina exposta ou cárie na dentina.

10. Aperfeiçoar a preparação de forma adequada.

11. Restauração: Se houver problemas em manter o controlo da humidade e em condições em que a estética não é importante, o ionómero de vidro autopolimerizável pode ser utilizado como base.

Em cavidades profundas, pode ser utilizada uma base de compómero, porque é mais dura, adere melhor, continua a conferir resistência à cárie ao dente e tem capacidade de absorção de flúor. Depois de dominar o procedimento fora da boca, o profissional está agora pronto para repetir o procedimento na boca. Os casos mais fáceis, de preferência dentes inferiores com um mínimo de cárie, devem ser selecionados primeiro. Do ponto de vista do paciente, a abrasão a ar é geralmente bem tolerada. A maioria dos procedimentos pode ser efectuada sem a utilização de anestesia local. Se houver desconforto em preparações mais profundas, a utilização de partículas mais pequenas e de menor pressão é mais confortável para o paciente.[176] Os clínicos aprendem a técnica de abrasão a ar utilizando materiais de simulação clínica, como lâminas de vidro e dentes simulados e dentes extraídos, antes de tratarem os pacientes. Durante a aprendizagem, o médico deve utilizar a pressão mais baixa para conseguir a remoção do esmalte e da dentina e um tamanho de partícula pequeno. Um tamanho de partícula maior tem mais massa, atinge o dente com mais impacto, induz mais dor e cria mais excesso de pulverização devido ao facto de as partículas viajarem mais longe.[177]

Conforto do doente:

A variável mais importante no desconforto do doente é a profundidade da preparação. Com uma penetração mais profunda na dentina vital, é mais provável que os doentes reportem sensações de frio ou dor. Aproximadamente 50% dos doentes não sentirão qualquer sensação ou sentirão uma ligeira sensação de frio. Os outros 50% podem sentir algum desconforto.[10] A última investigação não publicada de Rainey aponta para o futuro da abrasão a ar. Rainey mostra que, se as partículas de velocidade forem guiadas através de uma corrente de água, o corte é mais eficiente, reduz radicalmente o excesso de poeira em comparação com o corte a seco e permite uma penetração mais profunda com maior conforto para o paciente. Ao inundar a cavidade e localizar a cárie através do campo inundado, os danos colaterais causados pelo fluxo de ar abrasivo de exaustão são amortecidos e praticamente eliminados. Deve ser utilizada água quente para maximizar o conforto do paciente.[65]

Etapas do tratamento da cárie: [176]

A abrasão a ar é uma técnica que utiliza energia cinética para remover a estrutura dentária cariada. Uma poderosa corrente estreita de partículas de óxido de alumínio em movimento é direcionada contra a superfície a ser cortada. Quando estas partículas atingem a superfície do dente, desgastam-na, sem calor, vibração ou ruído.[182]

Estes são passos típicos no tratamento de lesões cariosas com abrasão a ar:

1. Mancha com deteção de cáries
2. Selecione um diâmetro de ponta médio (por exemplo, 0,014 polegadas) e selecione a angulação correta. Comece com uma pressão de ar relativamente baixa (menos de 60 psi) e um caudal baixo (menos de 2 g/seg).
3. Se a área suspeita estiver cariada, a humidade na área cariada irá apanhar as partículas de óxido de alumínio e as partículas subsequentes irão saltar, reduzindo a eficácia do corte.
4. Tente apontar o jato para dentro dos limites da cárie para evitar cortar áreas sólidas. A área cariada começará a dessecar, tornando-a mais fácil de cortar.
5. Remover a cárie.
6. Restauração: Se houver problemas em manter o controlo da humidade e em condições em que a estética não seja importante, o ionómero de vidro autopolimerizável pode ser utilizado como base. Em cavidades profundas, pode ser utilizada uma base de compómero, porque é mais dura, adere melhor, continua a conferir resistência à cárie ao dente e tem uma capacidade de absorção de flúor.

Vantagens: [176]

1. Ao utilizar o sistema de abrasão a ar, o dentista remove apenas as lesões de cárie e poupa a estrutura dentária intacta tanto quanto possível. Assim, é mais rápido restaurar o dente.
2. A dor é eliminada ou, pelo menos, reduzida.
3. Não ocorre qualquer vibração durante o funcionamento.
4. As pontas bem concebidas proporcionam um bom controlo durante o procedimento.
5. Não há necessidade de anestesia.
6. Adapta-se bem às preparações das classes I, III e V.
7. Útil sobretudo em doentes pediátricos.
8. Quando utilizada corretamente, a abrasão a ar "explora" muito bem as lesões cariosas incipientes, localizando frequentemente áreas cariadas anteriormente indetectáveis visual ou radiograficamente.
9. Não é produzido qualquer ruído, uma vez que a abrasão a ar utiliza a vibração para o corte.

Contra-indicações: [176]

As seguintes condições representam contra-indicações para o tratamento ar-abrasivo:

1. Alergia grave ao pó

2. Asma

3. Doença pulmonar crónica

4. Extração recente

5. Cirurgia oral

6. Qualquer ferida aberta, lesão ou ferida, ou suturas na boca

7. Cirurgia periodontal recente ou doença periodontal avançada com uma ligação periodontal comprometida

8. Colocação recente de aparelhos ortodônticos com consequentes abrasões orais

9. Remoção de cáries subgengivais

10. Qualquer condição que coloque o doente em maior risco de enfisema ao utilizar ar comprimido na boca.

O caso das preparações ultraconservadoras:

A vantagem única da abrasão a ar é a sua capacidade de produzir preparações extremamente conservadoras. Quanto menos se fizer a um dente, mais provável é que o dente e a restauração durem toda a vida. Além disso, as restaurações mais pequenas tendem a durar mais tempo.

Desvantagens e limitações: [176]

1. A técnica não é familiar, pelo que o dentista necessita de um período de aprendizagem para se habituar a ela.

2. A preparação dos dentes não se assemelha aos contornos tradicionais, precisos e claramente identificáveis.

3. Só é possível efetuar uma pequena preparação com esta técnica. A preparação da coroa não é possível.

4. As partículas de abrasão de óxido de alumínio removem eficazmente o esmalte e a dentina sãos, enquanto que, clinicamente, a dentina macia e cariada não é removida devido à dureza reduzida do substrato cariado.

5. A realização de abrasão a ar em áreas de classe I e III requer uma aprendizagem mais aprofundada.

6. Existem potenciais problemas inerentes (riscos para a saúde) com estudos dos anos 50 que mostram provas de reacções granulomatosas crónicas, atelectasias irregulares e alterações enfisematosas nos pulmões de coelhos após a inalação de partículas.

7. Deve ter-se cuidado ao trabalhar perto de tecidos moles devido ao risco de laceração, dessecação do ar e êmbolos.

8. A abrasão a ar produz uma margem cavo-superficial de textura redonda. Por conseguinte, não é adequado para preparações de restauração que exijam paredes definitivas e margens cavo-superficiais bem definidas, como restaurações convencionais, restaurações de ouro, compósitos ou

inlays de porcelana. A abrasão a ar é considerada como um fator chave no diagnóstico e no reconhecimento da importância da deteção precoce, e na prevenção ou tratamento destas lesões cariosas frequentemente pequenas.

b. Micro-abrasão:

A microabrasão é definida como a aplicação de um composto ácido e abrasivo na superfície do esmalte. A microabrasão é praticada desde o início do século XIX. A micro-abrasão é uma técnica simples, segura, atraumática, conservadora e não restauradora que remove a parte superficial do esmalte manchado e elimina defeitos como opacidades castanhas ou brancas. O principal objetivo da microabrasão é restabelecer a estética imediata sem a necessidade de preparação e restauração da cavidade.[182] A técnica de microabrasão do esmalte pode ser indicada em condições clínicas para remover manchas superficiais através da erosão e abrasão simultâneas de superfícies de esmalte descoloradas (até 100μm), com um composto abrasivo ou ácido com uma capacidade de 183
pasta de ácido clorídrico e farinha de pedra-pomes (Lynch et al;2003).[183] **Indicações:** Manchas castanhas

- Desmineralização pós-ortodôntica
- Hipoplasia localizada devido a infeção ou traumatismo.
- Hipoplasia idiopática em que as descolorações se limitam à camada exterior do esmalte.[184]

A micro-abrasão mascara, remove a estrutura do dente manchado e melhora a coloração do dente. A camada superficial é altamente polida, com uma estrutura mineralizada densamente compactada. Esta técnica mistura ácido clorídrico ou ácido fosfórico e um pó abrasivo para remover a camada superficial do esmalte.[182]

Técnica: O dentista e o doente devem utilizar um escudo protetor ou óculos de proteção para evitar salpicos. Os passos são os seguintes:

Passo 1: A superfície do dente deve ser limpa de detritos e placa bacteriana para eliminar as manchas superficiais do dente. A limpeza pode ser efectuada com a ajuda de pedra-pomes. É efectuada uma profilaxia oral completa.

Etapa 2: Isolamento dos dentes com dique de borracha. Pode ser aplicada vaselina na gengiva antes da aplicação do dique de borracha ou pintar verniz Copalite à volta do colo dos dentes após a aplicação do dique.

Passo 3: Misturar HCl a 12% com pedra-pomes até formar uma pasta. Aplica-se uma pequena quantidade na superfície labial com um copo de borracha que roda lentamente. Um pau de madeira ou um instrumento de plástico plano é esfregado sobre a superfície durante cinco segundos. Lavar durante cinco segundos diretamente para o aspirador.

Repetir até à redução das manchas, até um máximo de 10 aplicações de 5 segundos por dente.

Etapa 4: Polimento do dente com discos Soflex graduados ou pastas de polimento patenteadas.[183]

Instruções para o doente:

Evitar que as bebidas manchem

Escovagem correta

Aplicações tópicas de flúor

Vantagens: Remoção de estruturas pequenas,

- Falta de sensibilidade e dor pós-operatória,
- Não há necessidade de preparação de cavidades dentárias ou materiais de restauração,
- Tempo mais curto necessário para o procedimento, que é fácil de executar

Adriana Yuri Tashima et al (2009) descrevem a técnica de micro-abrasão aplicada sobre lesões cariosas incipientes, remineralizadas, mas pigmentadas, em dentes esteticamente comprometidos e constataram que esta técnica apresenta resultados estéticos favoráveis e duradouros, sem perda significativa da estrutura do esmalte.[185]

Marco Aurelio Benini Paschoal et al (2011) sugeriram que a microabrasão é um método não invasivo que remove defeitos intrínsecos e superficiais dos dentes com o objetivo de melhorar a estética dentária com uma perda mínima de tecido dentário. A microscopia eletrónica de varrimento (SEM) foi realizada para ilustrar o brilho vítreo e uma textura suave da superfície do esmalte microabrasionado.[182]

c. LASERS:

A luz é utilizada como agente terapêutico há muitos séculos. Na Grécia antiga, o sol era utilizado na helioterapia, que consiste na exposição do corpo ao sol para restabelecer a saúde. Os chineses utilizavam o sol para tratar doenças como o raquitismo, o cancro da pele e até mesmo a psicose. Esta utilização da luz para o tratamento de várias patologias é designada por fototerapia. No início do século XX, os princípios físicos do laser começaram a ser compreendidos com a introdução da teoria quântica de Neils Bohr (1913).[186] Na viragem do século, Albert Einstein desenvolveu teorias essenciais para o laser, quase 60 anos antes de ser construído o primeiro laser, que mostrava fracos flashes de luz vermelha.[187]

Em 1960, Theodore Maiman, um cientista da Hughes Aircraft Corporation, desenvolveu o primeiro dispositivo laser funcional, que emitia um feixe de cor vermelha profunda a partir de um cristal de rubi.

O Dr. Leon Goldman, um dermatologista, incidiu dois impulsos de luz vermelha num dente do seu irmão dentista em 1965 e o resultado mostrou uma fissuração indolor da superfície do esmalte.[188] Em meados e finais da década de 1970, foram incorporados lasers para tecidos moles. No início dos anos 80, foram introduzidos lasers para procedimentos cirúrgicos orais. Frame, Pecaro e Pick (1985) citaram os benefícios do tratamento com laser de CO_2 de lesões dos tecidos moles orais e de procedimentos periodontais.[189] Em 1989, a Myers and Myers recebeu autorização da Food and Drug

Administration dos EUA para vender um laser dentário específico, um dispositivo Nd: YAG. Nos últimos 40 anos, registaram-se vários avanços na investigação e desenvolvimento do laser.[189]

Ciência básica do laser:

A palavra LASER é um acrónimo de Light Amplification by Stimulated Emission of Radiation (Amplificação da luz por emissão estimulada de radiação). Cada uma destas palavras oferece um princípio básico de funcionamento do laser.

Luz: A luz é uma forma de energia electromagnética que se comporta tanto como partícula como onda, sendo a sua unidade básica designada por fotão.[190]

A luz laser tem uma propriedade chamada monocromática, ou seja, uma cor específica; e a cor pode ser visível ou invisível. A luz laser possui três caraterísticas adicionais: colimação, coerência e eficiência.

A colimação refere-se ao facto de o feixe ter limites espaciais específicos, o que garante que o tamanho e a forma do feixe emitido pela cavidade laser são constantes. Coerência significa que as ondas de luz produzidas no instrumento são todas iguais. Estão todas em fase umas com as outras e têm formas de onda idênticas, ou seja, todos os picos e vales são equivalentes.[189]

Amplificação: A amplificação é um processo que ocorre no interior do laser e que identifica os componentes de um instrumento laser. Os lasers são designados genericamente pelo material do meio ativo, que pode ser um recipiente de gás, um cristal ou um semicondutor de estado sólido. São utilizados dois lasers de meio ativo gasoso: árgon e CO_2. Os outros são bolachas de semicondutores de estado sólido, fabricadas com várias camadas de metais como o gálio, o alumínio, o índio e o arsénio ou barras sólidas de cristal de granada cultivadas com várias combinações de ítrio, alumínio, escândio e gálio e depois dopadas com os elementos crómio, neodímio ou érbio.[189]

Emissão estimulada: O termo "emissão estimulada" tem a sua base na teoria quântica da física, que foi introduzida em 1900 pelo físico alemão Max Planck e posteriormente conceptualizada como estando relacionada com a arquitetura atómica por Niels Bohr (um físico dinamarquês). O laser é constituído por um meio de iluminação contido numa cavidade ótica, com uma fonte de energia externa para manter uma inversão de população, de modo a que possa ocorrer uma emissão estimulada de um comprimento de onda específico, produzindo um feixe de luz monocromático, colimado e coerente.[189]

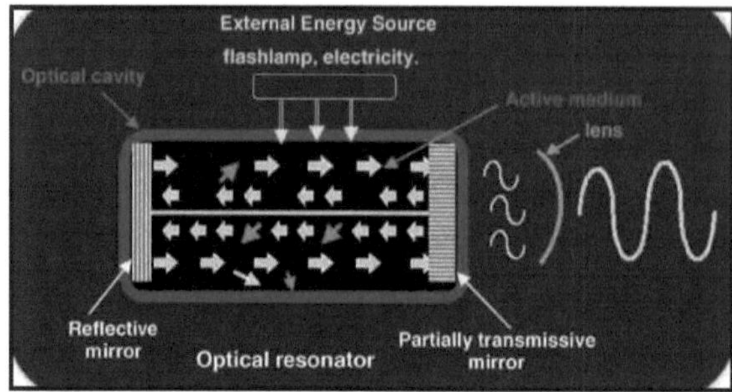

Figura n.º 22 Componentes básicos do laser

Radiação: A radiação são ondas de luz produzidas pelo laser como uma forma específica de energia electromagnética que vai desde os raios gama até às ondas de rádio com um comprimento de onda de milhares de metros. Todos os dispositivos de laser dentário têm comprimentos de onda de emissão entre 0,5 μm (ou 500 nm) e 10,6 μm (ou 10 600 nm) e situam-se na parte visível ou invisível do infravermelho não ionizante do espetro eletromagnético. A fonte de excitação fornece energia para que a emissão estimulada ocorra no meio ativo. Os fotões são então amplificados pelos espelhos e emergem como luz laser.

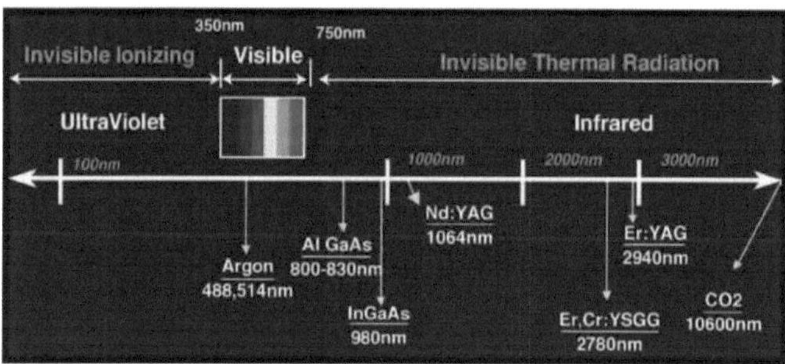

Figura nº 23 Porção do espetro eletromagnético que mostra os comprimentos de onda do laser dentário utilizado para tratamento

Sistemas de entrega de laser:

O feixe coerente e colimado de luz laser deve ser aplicado no tecido alvo de uma forma ergonómica e precisa.

Existem dois sistemas de entrega utilizados nos lasers dentários norte-americanos disponíveis. Um é um guia de ondas oco flexível ou tubo com um acabamento interior espelhado. A energia laser é reflectida ao longo deste tubo e sai através de uma peça de mão na extremidade cirúrgica, com o feixe a atingir o tecido sem contacto. Uma ponta acessória de safira ou de metal oco pode ser ligada à extremidade do guia de ondas para contacto com o local da cirurgia.[191] O segundo sistema de entrega é um cabo de fibra ótica de vidro. Este cabo tem uma diminuição correspondente no peso e na resistência ao movimento, e é normalmente mais pequeno em diâmetro (alguns lasers para tecidos moles têm fibras ópticas com tamanhos que variam entre 200-600 µm). A fibra adapta-se confortavelmente a uma peça de mão, com a extremidade nua saliente ou, no caso da família de lasers de érbio, com uma ponta de safira ou quartzo acoplada. Este sistema de fibras pode ser utilizado em modo de contacto ou sem contacto. Em termos clínicos, um laser deve permitir um acesso fácil para alcançar áreas de interesse. Por exemplo, uma ponta de fibra pode ser utilizada à volta do revestimento de uma bolsa periodontal para remover pequenas quantidades de tecido de granulação.

Todos os lasers dentários invisíveis estão equipados com um feixe de mira, que pode ser laser ou luz convencional. O feixe de orientação é emitido coaxialmente ao longo da fibra ou guia de ondas e indica ao operador o ponto onde a energia do laser será focada. Os lasers com comprimentos de onda de emissão mais curtos, como os de árgon, de díodo e Nd:YAG, podem ser concebidos com fibras de vidro pequenas e flexíveis. Os dispositivos Er,Cr:YSGG e Er:YAG apresentam grandes comprimentos de onda e não se adaptam facilmente às moléculas cristalinas do vidro condutor 191.

Classificação laser: [192]

Baseado principalmente no potencial do laser primário ou do feixe refletido para causar danos biológicos nos olhos ou na pele. Existem quatro classes gerais de lasers; quanto mais elevado for o número de classificação, maior é o perigo potencial. Estas classes são diferenciadas por uma combinação da potência de saída dos lasers de emissão contínua ou da energia por impulso dos lasers pulsados e do tempo de visualização do feixe.

Classe I: Nesta categoria, os lasers funcionam em condições normais de funcionamento e não representam um perigo para a saúde. A potência de saída de um laser de classe I é medida em décimas de mili watts.

Classe II: Nesta categoria, os lasers emitem apenas luz visível com baixa potência de saída e normalmente não representam um perigo. A potência de saída máxima permitida destes dispositivos é de 1 mW.

Existem duas subclasses. a classe II (a) é perigosa quando observada diretamente durante mais de 1000 segundos; a classe II (b) tem um tempo de observação perigoso de um quarto de segundo.

Classe III (a): Nesta categoria, os lasers podem emitir qualquer comprimento de onda e têm uma potência de saída inferior a 0,5 W de luz visível. Nesta classe, quando a luz laser é vista apenas momentaneamente, não prejudica o olho desprotegido.

Classe III (b): Estes lasers podem produzir um perigo para os olhos desprotegidos se forem vistos diretamente ou através de luz reflectora durante algum tempo. Uma vez que estes lasers são normalmente utilizados em tratamentos dentários, é indicada a proteção dos olhos.

Classe IV: Estes lasers são perigosos quando vistos diretamente e podem produzir reflexos difusos. Estes dispositivos também apresentam riscos de incêndio e de pele. Qualquer potência de saída superior a 0,5 W medida em onda contínua ou emissão pulsada constitui um laser de classe IV.

Comprimentos de onda do laser utilizados em medicina dentária:

Os lasers são designados de acordo com o seu meio ativo, comprimento de onda, sistema de entrega, modo(s) de emissão, absorção tecidular e aplicações clínicas. Os diferentes comprimentos de onda utilizados são os seguintes

Árgon: O árgon é um laser com um meio ativo de gás árgon e é energizado por uma descarga eléctrica de alta corrente. Tem dois comprimentos de onda de emissão utilizados em medicina dentária: 488 nm, que é azul, e 514 nm, que é verde-azulado.

A emissão de 488 nm é o comprimento de onda necessário para ativar a canforoquinona, o foto-iniciador mais utilizado que causa a polimerização da resina em materiais de restauração compostos. O comprimento de onda de 514 nm tem um pico de absorção nos tecidos que contêm hemoglobina, hemossiderina e melanina e tem excelentes capacidades hemostáticas.[193] Díodo: O díodo é um laser de meio ativo sólido, fabricado a partir de cristais semicondutores que utilizam uma combinação de alumínio ou índio, gálio e arsénio. Os comprimentos de onda disponíveis variam entre cerca de 800 nm para o meio ativo que contém alumínio e 980 nm para o meio ativo composto por índio. Cada máquina fornece energia laser por fibra ótica em modos de onda contínua e pulsada e é utilizada em contacto com tecidos moles para cirurgia ou fora de contacto para coagulação mais profunda. O díodo é um excelente laser cirúrgico para tecidos moles e é indicado para cortar e coagular a gengiva e a mucosa e para o desbridamento sulcular.[189] A principal vantagem dos lasers de díodo é o facto de serem instrumentos mais pequenos e portáteis.

Neodímio: YAG O Nd: YAG tem um meio ativo sólido, que é um cristal de granada combinado com elementos de terras raras, ítrio e alumínio, dopado com iões de neodímio. Tem um comprimento de onda de emissão de 1064 nm, que se situa na parte invisível do infravermelho próximo do espetro eletromagnético.

A energia laser é altamente absorvida pela melanina, mas é menos absorvida pela hemoglobina e é aproximadamente 90% transmitida através da água. A fibra ótica de Nd:YAG tem de ser limpa; caso contrário, perderá rapidamente a sua eficácia. Quando utilizado num modo sem contacto e desfocado, este comprimento de onda pode penetrar vários milímetros, o que pode ser utilizado em procedimentos como a hemostase, o tratamento de úlceras aftosas ou a analgesia pulpar.[189]

Holmium: YAG: O fabrico do único instrumento dentário de laser de hólmio cessou há vários anos. Contém um cristal sólido de granada de ítrio e alumínio sensibilizado com crómio e dopado com iões de hólmio e túlio e é fornecido por fibra ótica em modo pulsado de funcionamento livre. O comprimento de onda produzido é de 2100 nm, na parte do infravermelho próximo do espetro invisível de radiação não ionizante.[189]

A família do érbio: Existem dois comprimentos de onda distintos. Érbio, crómio: YSGG (2780 nm)

tem como meio ativo um cristal sólido de granada de ítrio, escândio e gálio dopado com érbio e crómio. Érbio: YAG (2940 nm) tem como meio ativo um cristal sólido de granada de ítrio-alumínio dopado com érbio. Ambos os comprimentos de onda estão situados no início da parte infravermelha média, invisível e não ionizante do espetro. A vantagem dos lasers de érbio para a medicina dentária restauradora é que uma lesão cariosa muito próxima da gengiva pode ser tratada e o tecido mole recontornado com o mesmo instrumento .[189]

R. Visuri, MS Steven et al (1996) exploraram o efeito do laser de érbio em aplicações de tecidos dentários duros e confirmaram a viabilidade da utilização de um laser Er:YAG em conjunto com um jato de água para remover com segurança e eficácia os tecidos dentários duros .[77]

CO_2 O laser de CO_2 é um meio ativo de gás que incorpora um tubo selado contendo uma mistura gasosa com moléculas de CO_2 bombeadas através de uma corrente de descarga eléctrica. A energia luminosa, cujo comprimento de onda é de 10.600 nm, situa-se na extremidade da parte invisível e não ionizante do infravermelho médio do espetro e é fornecida através de um guia de ondas tipo tubo oco em modo contínuo ou pulsado.[189] Este comprimento de onda tem a absorção mais elevada na hidroxiapatite de qualquer laser dentário, cerca de 1000 vezes superior à do érbio. Por conseguinte, a estrutura dentária adjacente a um local cirúrgico de tecidos moles tem de ser protegida do feixe de laser incidente; normalmente, um instrumento metálico colocado no sulco proporciona essa proteção. A tecnologia do sistema de entrega de CO_2 limita as aplicações em tecidos duros porque pode ocorrer carbonização e fissuração da estrutura dentária devido à longa duração do impulso e às baixas potências de pico.

J.D.B. Featherstone e D.G.A. Nelson (1987) realizaram estudos com esmalte e dentina, utilizando radiação laser de CO2 pulsada na região de 9,32-µm a 10,49-µm com densidades de energia na taixa de 10 a 50 J.cm-2 e este tratamento causa inibição da progressão subsequente da lesão.[76]

Lasers para deteção e diagnóstico de cáries: A fluorescência laser pode ser utilizada para o diagnóstico de cáries em dentes decíduos e permanentes (655nm). Este laser não ablativo (LF) emite uma luz de fluorescência laser, que provou ser útil para completar os métodos convencionais de deteção de cáries oclusais.[189]

Dos artigos indexados sob o título de assunto "Laser Paediatric Dentistry" no Pub-Med, mais de 40 estudaram a utilização deste dispositivo para a deteção de cáries.

Yashar Rezaei et al (2011) analisaram os estudos sobre a utilização da irradiação laser na inibição de lesões cariosas e concluíram que a irradiação laser em superfícies de esmalte sólidas proporcionou a melhor proteção contra a iniciação e a progressão da cárie .[80]

Técnica de remoção de cáries: [189]

A família de lasers de érbio é utilizada para o tratamento de cáries. Num dente com elevado teor de flúor, a ablação da superfície pode ser lenta (o teor mínimo de água) e pode ser utilizada uma turbina de alta velocidade para remover o esmalte.

Os lasers da família do érbio podem ser utilizados em dentisteria de restauração para:

> preparação minimamente invasiva de fossas e fissuras, de acordo com os valores de deteção laser (LPRR)

> Preparação minimamente invasiva de lesões hipoplásicas

> Preparação da cavidade: da classe I à classe V

> Gengivectomia (quando necessário para a restauração)

> Tratamento de cáries dentárias profundas (capeamento pulpar indireto)

> Capeamento pulpar assistido por laser (LAPC).

A ponta do laser é mantida perpendicularmente à superfície de corte para maximizar a eficiência do corte. Assim que o esmalte é removido, as definições de energia são reduzidas, uma vez que a dentina e as cáries têm mais teor de água do que o esmalte e cortam mais facilmente. A família do érbio tem a capacidade de reduzir a população bacteriana do tecido alvo e produz frequentemente um efeito analgésico nesse tecido.

Os parâmetros do laser são ajustados de modo a que a remoção da estrutura dentária seja efectuada de forma conservadora, eficiente e confortável. As definições médias para a família de lasers de érbio são de uma potência total de 6 watts para a remoção do esmalte, 4 watts para a preparação da dentina e 2 watts para a remoção de cáries, tudo isto com um spray de água 196.

Prevenção de cáries: Baseia-se num aumento da temperatura nos tecidos duros que provoca a fusão do esmalte e da dentina e, consequentemente, a libertação de carbonato, bem como uma estrutura cristalina melhorada. De acordo com Fried et al., 2001, isto resulta num aumento da resistência aos ácidos. A combinação de lasers e fluoretos parece ser muito prometedora na prevenção da cárie. Hicks et al., 1995 descobriram que a aplicação de fluoreto de fosfato acidulado (1,23% de gel durante 4 minutos) antes ou depois da exposição ao laser de árgon resultou numa redução significativa da profundidade da lesão quando comparada com o laser de árgon isolado.

Seguem-se as vantagens dos lasers nas aplicações operatórias e clínicas: 194

1. Melhor aceitação do doente (sem contacto, sem vibração, sem ruído, sem utilização de anestesia)
2. Melhor aceitação por parte dos pais, que vêem a alta tecnologia e o profissional que a utiliza como uma melhor opção terapêutica para os seus filhos
3. Preparação minimamente invasiva da cavidade devido à absorção selectiva da luz laser pelo tecido cariado
4. Preparação de cavidades com superfície macro-rugosa que aumenta a superfície para a adesão de material compósito
5. Cavidades muito limpas e sem manchas
6. Preparação da cavidade altamente descontaminada

7. Aumento térmico mínimo na câmara pulpar, menor do que com as técnicas tradicionais, com a possibilidade de menor sensibilidade pós-tratamento
8. Possibilidade de selar os túbulos dentinários (quando necessário)
9. Possibilidade de tratar tecidos moles e duros ao mesmo tempo e com o mesmo instrumento: por exemplo, gengivectomia para aceder às margens das cavidades subgengivais ou uma pulpotomia e a coagulação da polpa exposta.

Terry D.A Myers, William D.A Myers (1985) sugeriram que o laser YAG com bloqueio de modo remove eficazmente detritos e/ou manchas de lesões cariosas incipientes em fossas e fissuras.[75]

6. AVANÇOS-

a. OZÓNIO:

O ozono provou ser um agente microbiano muito poderoso. O uso do ozono em medicina dentária não só é considerado como preventivo de cáries, mas também como uma abordagem não-invasiva para tratar cáries já existentes. Uma redução significativa das bactérias patológicas associadas às cáries foi observada in-vitro após a utilização do ozono. [151] A sua utilização pode ser considerada isoladamente ou em adição a outras intervenções preventivas ou invasivas. Além disso, houve uma redução quantitativa na quantidade total de microrganismos encontrados na cavidade oral. O ozono é produzido naturalmente quando há uma foto-dissociação do oxigénio molecular (O_2) em iões activados (O-), que por sua vez reagem com outras moléculas de oxigénio para formar um anião radical transitório (O_3). O ozono oxida biomoléculas como a cisteína, a metionina e a histidina, perturbando a estrutura e o metabolismo das células microbianas. O ozono rompe rapidamente a parede celular microbiana em segundos, levando à lise celular imediata. Esta atividade bacteriana extremamente rápida é fundamental para uma terapia dentária eficaz com ozono.[82]

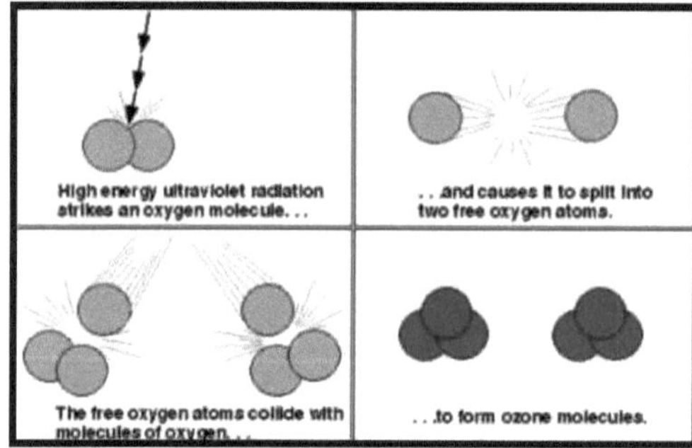

Figura n.º 24: produção de ozono

Uma vez que uma aplicação de ozono de 10 a 20 segundos é mais do que suficiente para destruir eficazmente estes micróbios, um tempo de tratamento de 40 segundos cobre todas as eventualidades. Uma vez que os micro-organismos acidúricos e acidogénicos e o ambiente de biofilme protegido que os acolhe tenham sido destruídos pela aplicação de ozono, a remineralização das estruturas dentárias não é apenas teoricamente possível, mas foi alcançada e clinicamente comprovada em numerosos ensaios clínicos em todo o mundo.[151] Aos 18 meses, usando pastas dentífricas de remineralização, sprays e enxaguamentos (produtos HealOzone, Kavo), 100% de remoção de cáries e remineralização foram alcançados em dentes afectados por cáries radiculares. Assim, o tratamento da cárie dentária com HealOzone elimina a necessidade de remoção física do tecido doente, uma vez que promove a remineralização e não a amputação da dentina cariada.

Aplicação prática do HealOzone na cirurgia dentária

O HealOzone é totalmente diferente do que temos vindo a fazer em medicina dentária nos últimos

150 anos. Envolve a compreensão da etilogia da cárie e especialmente a sua base física e química.

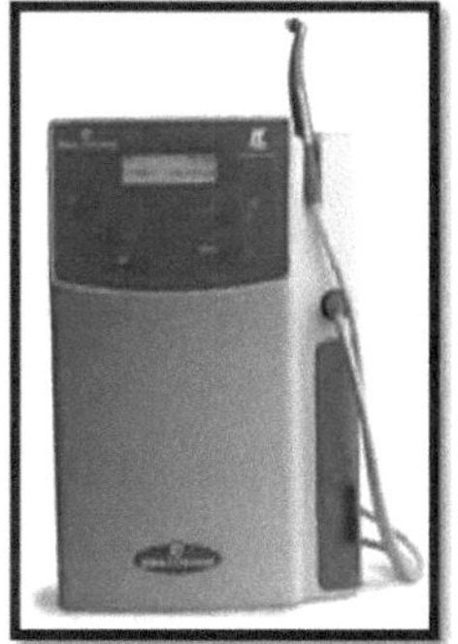

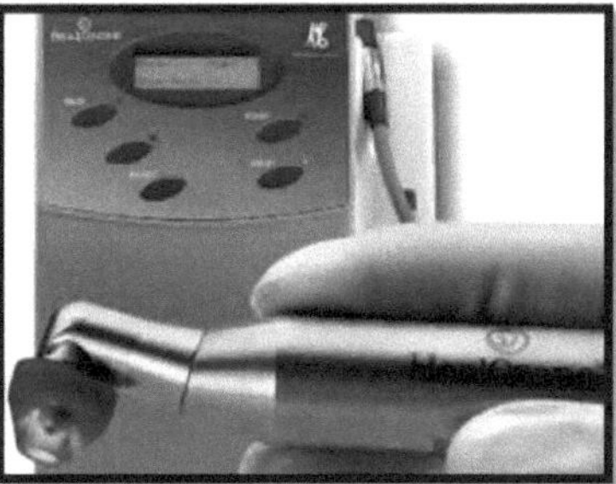

Figura n.º 25: Equipamento HealOzone com ponta

O tempo de aplicação do ozono durante 10s-20s é considerado eficaz na gestão da desmineralização. O uso de O3 por um período de 10s num ambiente de laboratório foi encontrado para reduzir o número total de *Streptococci mutans & Streptococcus sorbinas* que desempenham um papel importante no processo de cárie dentária. O ozono tem o potencial de inativar a maioria dos microrganismos presentes na desmineralização, uma vez que a decomposição do ozono produz, para além do oxigénio molecular, oxigénio atómico, que é altamente reativo, e reduz a contagem bacteriana.[151] Foi feita uma pesquisa in vitro para mostrar o efeito bactericida do ozono em *Streptococcus mutans* e *Streptococcus sobrinus*. Em comparação com um grupo de controlo, um ágar sangue demonstrou uma redução significativa dos 2 germes responsáveis pelas cáries após 10 segundos de aplicação do gás ozono .[199] Além disso, verifica-se que os microorganismos são reduzidos a menos de 1% em 40 dentes recém-extraídos com uma ligeira incidência de desmineralização após 10 ou 20 segundos de aplicação de água com ozono, em comparação com um grupo de controlo. Estes resultados correspondem às conclusões positivas de um estudo realizado em 89 pacientes com desmineralização primária e a aplicação de ozono levou a uma paragem completa ou ao endurecimento da cárie em 18 meses. Um grupo de controlo mostrou uma deterioração das lesões de cárie originais. Estes resultados levantam a esperança de uma nova abordagem à terapia da cárie, particularmente em odontopediatria, um tratamento livre de ansiedade e stress.[83]

Aplicação prática do ozono em selantes de fossas e fissuras:

De acordo com as instruções do fabricante, o O3 para o tratamento de cáries de fossas e fissuras é de 40 segundos. Abu-Naba et al. investigaram o efeito do O3 nas cáries de fissura, indicando um efeito clínico positivo seis meses após a aplicação. Estes resultados são avaliados de forma crítica em estudos recentes da Cochrane e do NICE.[151] No grupo com elevado índice de cáries, o O3 teve um efeito significativo no estado clínico das lesões tratadas, avaliado por fluorescência laser - DIAGNOdent (KaVo)

As 4 Fases da terapia:

> Diagnóstico diferencial, avaliação de riscos e documentação
> Eliminação microbiana nas cáries com HealOzone
> Remineralização
> Selagem final ou preenchimento do defeito do esmalte, se necessário. Aplicar um microenchimento.

O medo e a apreensão da maioria dos pacientes resultam da sua perceção de que a utilização da peça de mão pode ser uma experiência desagradável e possivelmente traumática. Este facto, combinado com a necessidade de anestesia local, cujo medo é praticamente universal, levou à opinião generalizada de que a visita ao consultório dentário é desagradável. Com o emprego do tratamento HealOzone é possível aliviar essas preocupações e mudar a perceção do tratamento dentário como um todo. É claro que ainda existem situações em que o tratamento seguirá linhas mais clássicas.

Vantagens:

> Indolor e sem necessidade de anestesia
> Não induzir o medo
> Muitas vezes não é necessário perfurar
> Tratar muitas lesões num curto espaço de tempo
> Silencioso
> Confortável
> Não invasivo a minimamente invasivo
> Conservação de substâncias
> Sem complicações
> Evitar custos de acompanhamento elevados.

Contra-indicações:

As seguintes são contra-indicações para a utilização da ozonoterapia:

Gravidez, anemia grave, hipertiroidismo, trombocitopenia, miastenia grave, intoxicação aguda por álcool, enfarte do miocárdio recente, hemorragia de qualquer órgão, deficiência de glucose-6-fosfatodesidrogenase e alergia ao ozono. A inalação prolongada de ozono pode ser prejudicial para os pulmões e outros órgãos. Por isso, doses bem calibradas podem ser usadas terapeuticamente em várias condições sem qualquer toxicidade ou efeitos secundários.[200]

G D Rickard et al (2004) avaliaram o efeito do ozono em parar ou reverter a progressão da cárie dentária. Eles concordaram que há uma necessidade fundamental de mais evidências de rigor e qualidade apropriadas antes que o uso do ozono possa ser aceite nos cuidados dentários primários ou possa ser considerado uma alternativa viável aos métodos actuais de gestão e tratamento da cárie dentária.[81]

A Baysan e E Lynch (2005) compilaram revisões de usos terapêuticos do ozono até à data e sugerem as suas possíveis aplicações clínicas futuras. A procura deste forte oxidante por parte dos consumidores pode aumentar à medida que o público em geral se torna cada vez mais consciente da sua capacidade terapêutica e da forma não invasiva como pode ser administrado.[82]

A Azarpazhooh e H Limeback (2008) realizaram um estudo para rever sistematicamente a aplicação clínica e o potencial de remineralização do ozono na medicina dentária e para resumir as aplicações in vitro disponíveis do ozono na medicina dentária.

b. Materiais inteligentes:

O termo "materiais inteligentes" refere-se a uma classe de materiais que são altamente reactivos e têm a capacidade inerente de sentir e reagir de acordo com as mudanças no ambiente. São também conhecidos como materiais reactivos. Tradicionalmente, pensa-se que os materiais concebidos para utilização a longo prazo no corpo ou, mais especificamente, na boca, sobrevivem mais tempo. São designados por inteligentes porque não conseguem regressar prontamente à sua condição original quando o estímulo é removido. São denominados inteligentes porque são consistentes com a nova geração de materiais que suportam a estrutura dentária remanescente.

Os materiais inteligentes em medicina dentária são classificados da seguinte forma:

1. PASSIVO: Estes materiais não têm qualquer interação com o seu ambiente.

Exemplos: Amálgama, cimento de inómero de vidro, compósitos

2. ACTIVO: Estes materiais têm um efeito benéfico devido à libertação de flúor dos materiais. Exemplo: RMGIC, Compômeros, Giômeros

Ligas inteligentes - os primeiros materiais dentários inteligentes descobertos. O termo "material inteligente" ou "comportamento inteligente" na disciplina que é agora vagamente definida como "ciência dos materiais dentários", foi provavelmente utilizado pela primeira vez em ligação com ligas de níquel-titânio, ou ligas com memória de forma (SMAs).[202]

A natureza dos materiais inteligentes: Os materiais inteligentes têm propriedades que podem ser alteradas de forma controlada por estímulos, tais como tensão, temperatura, humidade, pH, campos eléctricos ou magnéticos. Uma ***caraterística fundamental*** do comportamento inteligente é a capacidade de regressar ao estado original depois de o estímulo ter sido removido. O comportamento inteligente termo-responsivo dos cimentos de ionómero de vidro foi sugerido pela primeira vez por Davidson (1998).

Os materiais inteligentes existentes incluem: [201]

1. *Materiais piezoeléctricos*: Produzem uma tensão quando é aplicada uma tensão ou vice-versa. As estruturas fabricadas com estes produtos podem mudar de forma ou de dimensões quando é aplicada uma tensão. Do mesmo modo, uma mudança de forma pode ser utilizada para gerar uma tensão que pode ser utilizada para efeitos de monitorização.

2. *Materiais termo-responsivos:* Incluem ligas com memória de forma ou polímeros com memória de forma. Adoptam formas diferentes a temperaturas diferentes devido a alterações notáveis e controladas na estrutura. As ligas magnéticas com memória de forma podem alterar a sua forma em resposta a uma alteração do campo magnético.

3. *Polímeros sensíveis ao pH:* São materiais que possuem a capacidade de inchar / colapsar quando o pH do meio circundante muda.

4. *Géis de polímeros:* São constituídos por redes de polímeros reticulados que podem ser insuflados com um solvente, como a água. A natureza lábil do solvente permite uma dilatação ou contração rápida e reversível em resposta a uma pequena alteração no seu ambiente (por exemplo, temperatura). Os polímeros formadores de gel mais comuns são o álcool polivinílico (PVA), o ácido poliacrílico (PAA) e o poliacrilonitrilo (PAN).[201]

O papel da água: É a capacidade de um material absorver ou libertar solventes rapidamente em resposta a um estímulo como a temperatura. No ambiente oral, o principal solvente é a água e as estruturas podem ser géis ou sais que contêm água, que pode estar ligada de forma forte ou fraca e, por conseguinte, pode ser absorvida ou libertada a diferentes velocidades.[202]

Comportamento térmico inteligente: A maioria dos materiais responde a uma mudança de temperatura de uma forma previsível. Isto envolve uma alteração dimensional que é caracterizada pelo coeficiente de expansão térmica. Um problema com os materiais de preenchimento dentário é a sua tendência para se expandirem e contraírem mais do que o tecido natural do dente quando sujeitos a estímulos quentes ou frios. No caso dos materiais compósitos, a expansão e a contração ocorreram da forma esperada; no caso dos ionómeros de vidro, observou-se pouca ou nenhuma alteração nas dimensões quando aquecidos e arrefecidos entre 20°C e 50°C. Isto deve-se ao facto de a expansão esperada no aquecimento ser compensada pelo fluxo de fluido para a superfície do material, causando um equilíbrio das alterações dimensionais. Em condições secas, a rápida perda de água durante o aquecimento resulta na contração observada. Um comportamento semelhante é mostrado pela dentina, onde se observa muito pouca alteração dimensional no aquecimento em condições húmidas e uma contração acentuada em condições secas.

c. COMPOMISSORES:

Os materiais Compomer (compósitos de resina modificada com poliácidos) foram introduzidos na medicina dentária no início da década de 1990.[203] Os compómeros foram desenvolvidos para combinar as propriedades de libertação de fluoreto dos cimentos de ionómero de vidro e a estética das resinas compostas.[204] O nome compósitos de resina modificados com poliácidos indica que se assemelham mais fortemente aos compósitos de resina que foram modificados pela inclusão de partículas de ionómero de vidro (vidro de fluoroaluminossilicato e ácido poliacrílico). À medida que amadurecem, absorvem uma pequena quantidade de humidade, o que promove uma reação ácido-base que torna os compósitos capazes de libertar quantidades clinicamente úteis de flúor.

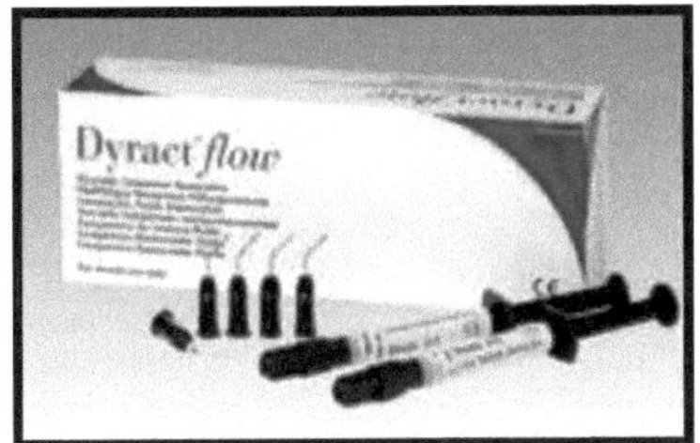

Figura n.º 26 Fluxo de Dyract (Dentsply- Compomer)

G. Vermeersch et al (2001) mediram a libertação de fluoreto a curto e longo prazo de 16 produtos (7 GIC convencionais, LC GIC, 2 Compômeros, 2 compósitos de resina) e confirmaram uma ligação entre a libertação de fluoreto e uma reação ácido-base[85] . Os compómeros assemelham-se às resinas compostas tradicionais na medida em que a sua reação de presa é uma polimerização que é normalmente iniciada por luz azul com um pico de 470 nm.

Uma das principais caraterísticas dos compómeros é o facto de não conterem água e de a maioria dos componentes serem os mesmos que os das resinas compostas. Contém macromonómeros como o Bis-GMA misturados com diluentes redutores de viscosidade, como o dimetacrilato de trietilenoglicol.[133] A matriz de resina é preenchida com pós inorgânicos não reactivos, como o quartzo ou o vidro de silicato. Também contém monómeros adicionais que diferem dos dos compósitos convencionais, que contêm grupos funcionais ácidos que estão presentes em pequenas quantidades e algum pó de vidro reativo dos cimentos de ionómero de vidro.[203] A presa é feita através de uma reação de polimerização e, uma vez presa, os constituintes hidrofílicos minoritários absorvem uma quantidade limitada de água para promover reacções de neutralização secundárias que são semelhantes aos processos de presa dos cimentos de ionómero de vidro.[203]

Mehmet Yildiz et al (2004) examinaram a libertação de fluoreto de dois cimentos de ionómero de vidro (Aqua Ionofil e Ceramfil β) e de duas resinas compostas modificadas com poliácidos ou compómeros (Hytac e Dyract AP) em água desionizada durante diferentes períodos de tempo e observaram que a maior quantidade de fluoreto foi libertada pelo ionómero de vidro convencional.[86]

Sayed Mostafa Mousavinasab (2009) mediu as quantidades de flúor libertadas por materiais que contêm flúor: cimentos de ionómero de vidro convencionais, compómero e um giómero, e concluiu que o ionómero de vidro convencional liberta maiores quantidades de flúor em comparação com os compómeros e os giómeros.

d. GIOMERS:

Os Giomers são um novo tipo de materiais de restauração que demonstram muitas das mesmas caraterísticas do ionómero de vidro, mas com uma estética e durabilidade clinicamente demonstradas.[133] Os Giomer são um novo tipo de material de restauração que demonstra muitas das caraterísticas do ionómero de vidro com estética e durabilidade.[169] Os Giomers são compostos por cargas de ionómero de vidro silanizado Miled, que foram submetidas à reação entre o vidro de fluroaluminossilicato e o ácido polialquenóico antes da moagem.[204] As cargas são depois utilizadas na base da resina composta, o que permite a libertação de flúor e a recarga semelhante ao ionómero de vidro, mantendo a resistência e a estética dos compósitos.[205]

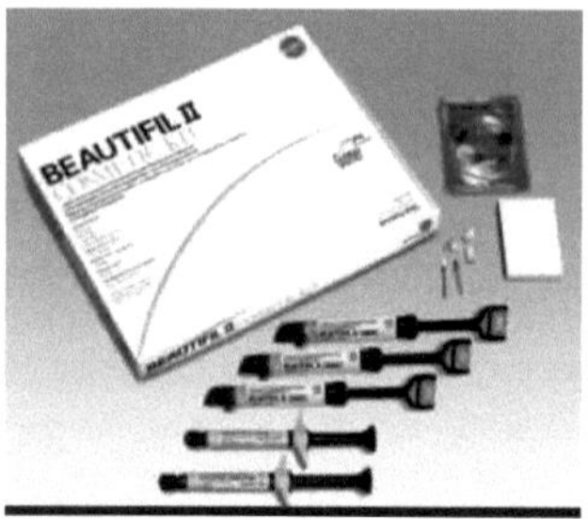

Figura nº 27 - Beautifil II - Kit cosmético (Shofu Company - Giomer) Vantagens dos Giomers: Protege contra cáries devido à libertação de flúor; pode ser recarregado com flúor, durável e estético, cura por comando e fácil entrega.

VV Gordon et al (2007) efectuaram uma avaliação clínica do giómero até 8 anos e concluíram que os dentes restaurados com giómero não apresentam cáries secundárias nem sensibilidade pós-operatória. Aplicação clínica de Giomers: [205]

- Restaurações de classe I-V
- Restaurações provisórias para controlo de cáries
- Substitutos de dentina como revestimento
- Restaurações anteriores e posteriores
- Pequenos exercícios para o núcleo
- Cáries subgengivais adjacentes às margens da coroa
- Reparação de lesões de cárie de reabsorção radicular externa

K S Dhull et al (2009) determinaram a libertação de flúor do Giomer e do Compomer utilizando diferentes regimes e compararam a quantidade de libertação de flúor e concluíram que os giómeros apresentaram uma maior absorção de flúor do que os compómeros.[89]

d. SMART BURS*:*

Recentemente, foram introduzidas brocas com pontas mais pequenas para diagnosticar e tratar lesões do esmalte e para avaliar a extensão da cárie. Foi introduzida uma nova classe de brocas que são suficientemente finas para permitir uma penetração fácil em fossas e fissuras (brocas de fissurotomia SS White Burs, Lakewood, New Jersey). Estas brocas são conhecidas como brocas de fissurotomia. (Figura nº 22) A utilização destas brocas permite preparar a fossa ou fissura em muitos casos sem anestesia, devido à pequena área de superfície da ponta.[10]

As brocas de fissurotomia estão disponíveis em três configurações diferentes: a Fissurotomy original (1,1 mm de largura por 2,5 mm de comprimento), a Fissurotomy Micro NTF (0,7 mm de largura por 2,5 mm de comprimento) e a Fissurotomy Micro STF (0,6 mm de largura por 1,5 mm de comprimento).

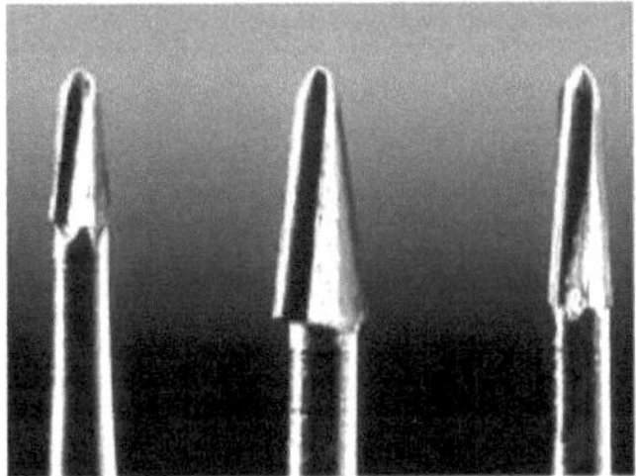

Figura nº 28 Brocas de fissurotomia (SS White Burs, Lakewood, New Jersey)

Recentemente, no ano de 2003, foi introduzido um instrumento de polímero único, a SMART BUR (Figura nº 22, SS White Burs, Lakewood, New Jersey).[206] A superfície de corte da broca é feita de um polímero de qualidade médica que tem uma dureza inferior à do esmalte e dentina normais, mas mais dura do que a da dentina cariada. Este aspeto único do instrumento permite-lhe remover seletivamente a estrutura dentária cariada sem remover ou danificar desnecessariamente a estrutura dentária saudável.[207] Este facto pode ser explicado pelo facto de terem uma dureza superficial (50 KHN), que era superior à dureza atribuída à dentina cariada (0 a 30 KHN), mas inferior à da dentina sã (70 a 90 KHN).[208]

O corte da Smart Bur limita-se à camada superficial da dentina afetada, não remove a zona de reação dos odontoblastos dos tampões dos túbulos mineralizados e pode ser concluído sem a utilização de AL.[10] É utilizada a velocidades de rotação lentas de 500 a 800 rpm, utilizando um toque ligeiro com uma peça de mão de velocidade lenta e um acessório de contra-ângulo com trinco. As lesões cariosas abertas em superfícies faciais e linguais acessíveis podem ser facilmente tratadas com instrumentos SMARTBUR de tamanho adequado à forma do contorno e à remoção da cárie. O ângulo de inclinação da broca de polímero (SMART) também é negativo. O desenho da lâmina foi desenvolvido para remover a dentina, deprimindo localmente o tecido cariado e empurrando-o para a frente ao longo da superfície até que se rompa e seja levado para fora da cavidade.[208] Ao contrário da broca de cabide, a pressão descendente aplicada pela broca de polímero contra o tecido é dissipada à medida que a broca começa a desgastar-se quando encontra a dentina dura.[207] Ao contrário das brocas de carboneto convencionais, as suas arestas de corte não são espiraladas mas sim rectas (Figura n.º 23). As SMART BURs estão disponíveis nas formas redondas mais populares para a remoção de cáries, ou seja, RA n.º 2, n.º 4 e n.º 6, com um diâmetro de 1,5 mm. 4, e n.º 6, com um design de canal inovador.[10]

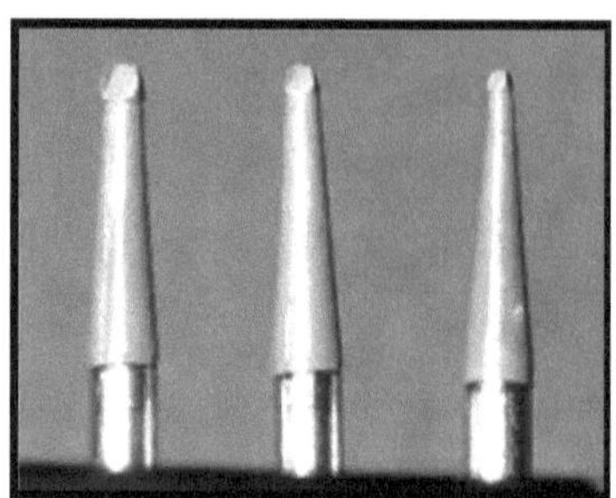

Figura n.o 29 SMART BUR (SS White Burs, Lakewood, New Jersey)

Vantagens: SMART BUR O corte é limitado à camada superficial da dentina afetada.

T Dammaschke e T. N. Rodenberg (2006) compararam a eficiência do SmartPrep com as brocas convencionais de carboneto de tungsténio num estudo in-vitro e concluíram que o SmartPrep apresentou bons resultados em comparação com as brocas de carboneto.

Till Dammaschke et al (2008) compararam a eficiência das brocas de cerâmica com a das brocas de carboneto de tungsténio convencionais num estudo in vitro e concluíram que estas eram eficazes em comparação com as brocas de carboneto de tungsténio convencionais na escavação de cáries.[210]

e. TÉCNICAS DE INFILTRAÇÃO DE CÁRIES:

Os fundamentos desta técnica foram lançados na década de 1970, quando Buonocore realizou as primeiras experiências de penetração de compósitos de baixa viscosidade em lesões cariosas. A técnica de infiltração de resina é uma abordagem terapêutica alternativa para evitar a progressão das lesões de esmalte.[90]

O princípio da infiltração de cáries baseia-se na penetração de um compósito de baixa viscosidade (infiltrante) nas porosidades de uma lesão de esmalte situada abaixo da camada superficial. O corpo da lesão é a zona mais extensamente desmineralizada e situa-se abaixo de uma camada com maior conteúdo mineral, a chamada camada superficial pseudo-intacta. Esta camada superficial dificulta a penetração do infiltrante e, por conseguinte, sofre uma erosão sistemática.[211] Subsequentemente, em poucos minutos, o infiltrante pode penetrar na cárie a uma profundidade de várias centenas de micro metros. Este novo método de tratamento permite o tratamento de lesões de cárie precoces sem necessidade de preparar cavidades de acesso, protegendo e preservando assim o tecido duro que rodeia a lesão. Este tratamento tem como objetivo ocluir as microporosidades no interior do corpo da lesão através da infiltração com resinas fotopolimerizáveis de baixa viscosidade que foram optimizadas para uma rápida penetração no esmalte poroso.

Jeong-Hye Son et al (2011) compararam a eficácia da técnica de infiltração de resina (Icon, DMG) com a micro-abrasão (Opalustre, Ultradent Products, Inc.) no tratamento de lesões de manchas brancas e concluíram que a técnica de infiltração de resina pode ser escolhida preferencialmente para o tratamento de lesões de manchas brancas.[91]

O princípio da infiltração de cáries:

O primeiro passo para o método de infiltração de cáries consiste em erodir a camada superficial com gel de HCl, seguido de limpeza e secagem da lesão para que o infiltrante penetre nos poros da lesão. A capacidade de penetração no sistema de poros é possibilitada por forças capilares e determinada pelas propriedades físico-químicas do infiltrante. É praticamente indolor e a duração do tratamento é previsível. Deste modo, afecta positivamente a adesão do paciente jovem, em particular dos pacientes pediátricos.[91] O princípio do mascaramento das lesões do esmalte através da infiltração de resina baseia-se nas alterações da dispersão da luz no interior das lesões (índice de refração do esmalte). A diferença nos índices de refração entre os cristais de esmalte e o meio no interior das porosidades causa a dispersão da luz que resulta num aspeto opaco esbranquiçado destas lesões, especialmente quando estão dessecadas. As micro-porosidades das lesões infiltradas preenchidas com resina estão em contraste com o meio aquoso, pelo que não podem evaporar-se. Por conseguinte, a diferença de índices de refração entre as porosidades e o esmalte é insignificante e as lesões têm um aspeto semelhante ao do esmalte saudável circundante. Assim, este tratamento pode ser utilizado para parar lesões do esmalte, bem como para melhorar o aspeto estético das manchas brancas bucais.[91]

S. Paris (Gronelândia, 2007) realizou um estudo numa população com elevada experiência e atividade de cárie, revelando que a infiltração de cárie detém eficazmente a progressão das lesões cariosas em comparação com as terapias padrão (higiene oral intensificada, aplicação local de flúor) e a eficácia da infiltração de cárie foi confirmada em dentes decíduos, tanto em laboratório como num estudo clínico.[90]

Kamila Rosamilia Kantovitz (2010) efectuou uma revisão dos efeitos dos infiltrantes e selantes na inibição da desmineralização do esmalte e concluiu que a técnica de infiltração cria uma barreira no interior da lesão, substituindo o mineral perdido por uma resina fotopolimerizável de baixa viscosidade.

Procedimento:

1. Os dentes a tratar foram isolados com um dique de borracha, de modo a obter uma área de trabalho limpa e seca e a garantir que os materiais utilizados não escorressem para a cavidade oral, fossem engolidos pelo paciente ou entrassem em contacto direto com os tecidos moles.
2. A utilização de uma ligadura feita de fio dentário que permite a fixação do dique de borracha ao nível do colo dentário é útil e os dentes são separados por meio de uma cunha dentária de plástico especialmente concebida.
3. Após a separação, o gel de gravura é aplicado com uma ponta de aplicação de folha metálica. O mecanismo rotativo da ponta de aplicação facilita a aplicação de uma quantidade adequada e bem direcionada. Após o tempo de presa de 2 minutos, o aplicador é removido e cuidadosamente enxaguado com água e seco.

4. Em seguida, a área é cuidadosamente seca com álcool durante 1 minuto para remover qualquer humidade remanescente da lesão e prepará-la para os passos de infiltração.

5. A ponta de aplicação é introduzida e, com um movimento rotativo lento, o infiltrante é carregado na ponta do acessório aplicador e aplicado na superfície da lesão através das perfurações.

6. O compósito de infiltração requer um tempo de presa de 3 minutos, após o qual o excesso de material pode ser removido com fio dentário não fluorado. (Figura nº 24)

7. O passo de infiltração é repetido com uma nova ponta de aplicação e deixa-se assentar durante 1 minuto. A segunda infiltração também é fotopolimerizada. Qualquer excesso de material pode ser removido cuidadosamente com um raspador fino.

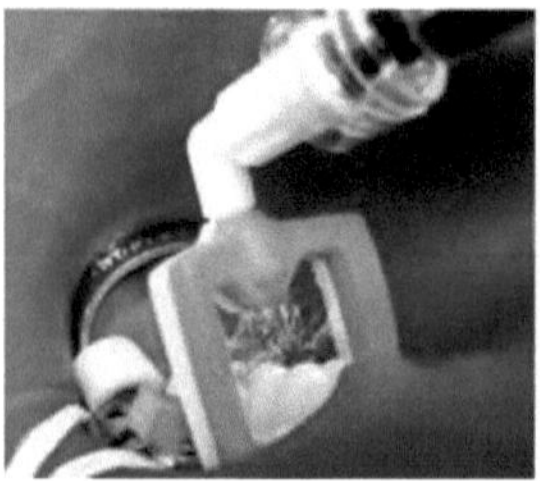

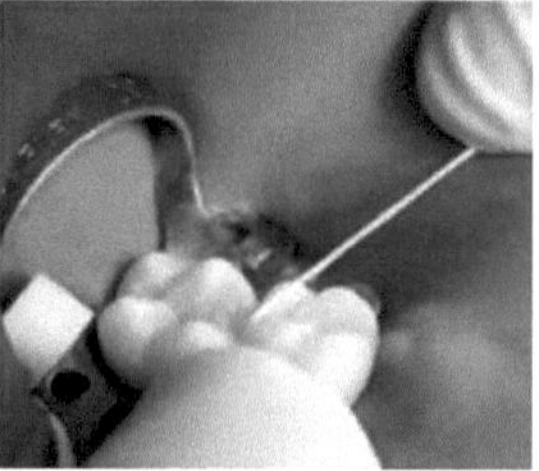

Figura no. 30 Aplicação do infiltrante seguida da remoção do material em excesso

f. TÉCNICA DE INFILTRAÇÃO DE ÍCONES:

Em 2010, surgiu no mercado romeno uma tecnologia inovadora, o método ICON (DMG, EUA). O método de infiltração ICON foi introduzido pelo Prof. H. Meyer-Luckel & Dr. Sebastian Paris e desenvolvido pela DMG. O método ICON utiliza uma resina composta com elevada viscosidade que se infiltra (máximo de 800μm) nos dentes 214
cáries localizadas em superfícies lisas.[214]

Os vários componentes do ICON são:

Icon-etch: Ácido clorídrico, Ácido silícico pirogénico, Substância tensioactiva

Icon-dry: 99% Etanol

Icon-infiltrante: Matriz de resina à base de metacrilato, iniciador.

O conceito baseia-se na infiltração de uma resina de fluxo que assegura a selagem, estabilização e paragem da evolução dos processos cariosos.

Instruções de utilização: Depois de terminado o isolamento, fazer o icon-etch durante 2 minutos e lavar. A camada superficial do dente gravada com ácido é seca ao ar. De seguida, aplica-se o icon-dry durante 30 segundos. Se a mudança de cor não penetrar na superfície do dente gravada com ácido, o procedimento de gravação deve ser efectuado novamente. Depois disso, aplica-se o icon-infiltrante e fotopolimeriza-se duas vezes.[91]

Sorin Andrian (2002) efectuou uma série de estudos clínicos e S Paris, H Meyer Lueckel (2007) estudos in vitro confirmam o sucesso deste método no tratamento de cáries incipientes não cavitadas lesões nas fases iniciais.

Na lesão cariosa incipiente, a desmineralização do esmalte progride e ocorre a formação de uma camada porosa na área afetada. Esta camada porosa permite a difusão e a progressão dos ácidos, favorecendo a progressão das lesões cariosas. A tecnologia ICON cobre a superfície porosa do esmalte e permite a infiltração profunda da resina flow maximum por capilaridade.[214]

7. CONCLUSÃO-

Foram feitos grandes avanços na compreensão da relação entre o ambiente oral e as bactérias doença da cárie nos últimos anos. Existem modificações consideráveis nos métodos de tratamento e controlo. O início da doença e o progresso da lesão oculta serão sub-reptícios, relativamente lentos e difíceis de definir até que haja uma cavitação superficial. Mas, nessa altura, a doença já estará presente há algum tempo e, na maioria dos casos, conduzirá a danos permanentes na estrutura do dente. Se a doença oculta for reconhecida logo no início, é possível tomar medidas para a curar antes de ocorrerem danos irreversíveis. As radiografias dentárias têm um papel importante na deteção de cáries, mas muitos factores, como as técnicas de imagem e as condições de processamento, podem afetar a precisão do diagnóstico de lesões cariosas. Os dispositivos DIAGNOdent e DIFOTI podem ser úteis na deteção de lesões de cárie incipientes e ocultas. Para além dos dispositivos acima mencionados, a QLF é cerca de duas vezes mais sensível do que o exame visual para a deteção de áreas desmineralizadas ou manchas brancas precoces. O objetivo da medicina dentária operatória minimamente invasiva é conseguir a máxima conservação da estrutura dentária sólida para manter uma dentição saudável ao longo da vida. Uma técnica operatória correta inclui que uma lesão cariosa ativa seja diagnosticada com precisão. No século XXI, deve ser dada maior ênfase à avaliação do risco de cárie, à mudança do paciente para um estado de baixo risco de cárie, à remineralização de lesões não cavitadas através da utilização de pastas remineralizantes, ao abandono da abordagem cirúrgica ao tratamento da cárie e à reparação em vez da substituição de restaurações defeituosas. Para além dos métodos bem estabelecidos e atualmente utilizados, algumas técnicas inovadoras revelaram sucessos iniciais de investigação que muito provavelmente serão utilizados para uma intervenção precoce contra a cárie no futuro. Estes métodos incluem o teste de atividade da cárie para a deteção quantitativa de bactérias cariogénicas, programas de avaliação do risco de cárie, terapia com pasta remineralizante para inibição da desmineralização. Estratégias conservadoras eficazes e bem executadas para a dentição permanente, como os preparos PRR e SMART Bur e a infiltração ICON, têm o potencial de preservar a resistência dentária e aumentar a longevidade da dentição. A técnica de infiltração ICON previne a progressão da lesão e é uma solução eficiente para aumentar o tempo de vida do dente. Os muitos avanços em instrumentação, materiais e técnicas ajudaram os clínicos a fazer a transição dos princípios tradicionais de preparação e restauração de cavidades para uma medicina dentária minimamente invasiva mais conservadora. Estes avanços, combinados com um diagnóstico preciso e precoce da cárie e com a avaliação e gestão do risco de cárie, abriram caminho para a conservação da estrutura dentária, eliminando a destruição desnecessária de esmalte e dentina saudáveis.

8. REFERÊNCIAS-

1. Kidd EAM, Fejerskov O. Essentials of dental caries; the disease and its clinical management. Copenhaga (Dinamarca): Munksgaard; 2003.

2. Joseph B. Dennison, James C. Hamilton. Decisões de tratamento e conservação da estrutura dentária. Dent Clin N Am 2005; 46: 825-845.

3. Graham J. Mount. Definir, classificar e colocar as lesões de cárie incipientes em perspetiva. Dent Clin N Am 2005; 49: 701723.

4. Thylstrup A, Fejerskov O. Textbook of clinical cariology. Copenhaga (Dinamarca): Munksgaard; 1986. Página no. 14.

5. Ericson D. Conceitos e técnicas de medicina dentária minimamente invasiva em cariologia. Uma introdução. Oral Health Prev Dent 2003; 1(1):59-61.

6. Pitts NB. Conceitos modernos de medição da cárie. J Dent Res 2004; 83(Edição Especial C): 43-37.

7. McComb Dorothy. Estratégias de tratamento operatório conservador. Dent Clin N Am 2005; 49: 847-865.

8. Pitts NB. Estamos prontos para passar do tratamento operatório para o tratamento não operatório/preventivo da cárie dentária na prática clínica? Caries Res 2004; 38(3):294-304.

9. Thompson Van P, M K James. Nonsurgical treatment of incipient and hidden caries (Tratamento não cirúrgico de cáries incipientes e ocultas). Dent Clin N Am 2005; 49: 905-921.

10. E S Howard, P Judith, L S Cheryl. Contemporary treatment of incipient caries and the rationale for conservative operative techniques (Tratamento contemporâneo de cáries incipientes e a justificação para técnicas operatórias conservadoras). Dent Clin N Am 2005;49: 867-887.

11. Fejerskov O, Nyvad B, Kidd EAM. (2008b). Patologia da cárie dentária. In: Dental Caries the disease and its clinical management. Fejerskov O, Kidd EAM, editores. Segunda edição. Oxford: Blackwell Munksgaard, pp. 19-48.

12. Gordon Nikiforuk. Compreender a cárie dentária. Etiology & mechanism of volume 1, 1985 page no. 3-10.

13. Amis I. Ismail, Jean-Marc Brodeur, Pierre Gagnon, Martin Payette, Daniel Picard, Talia Hamalian, Marie Olivier. Prevalência de lesões de cárie não cavitadas e cavitadas numa amostra aleatória de crianças de 7-9 anos de idade em Montreal, Quebec. Commu Dent and Oral Epid 1992; 20(5): 250-255.

14. Skold UM, Klock B, Rasmusson CG, Torstensson T. Estará a prevalência da cárie subestimada no atual exame de cárie? Um estudo em crianças de 16 anos no condado de bohuslan, Suécia. Swed Dent J. 1995; 19(5):213-7.

15. J. Arends, J. Christoffersen. A Natureza das Lesões de Cárie Precoces em Esmalte. J Dent Res

1986.

16. E. C. Moreno, R. T. Zahradnik. Desmineralização e Remineralização do Esmalte dentário. J Dent Res 1979; 58(B):896- 902.

17. Silverstone LM, Hicks MJ, Featherstone MJ. Factores dinâmicos que afectam a iniciação e progressão de lesões no esmalte dentário humano II. Morfologia da superfície do esmalte saudável e lesões de esmalte semelhantes a cáries. Quinte Int 1988; 19: 773-85

18. Carranza. Clinical periodontology 10th edition page 153-154 19. Brannstrom M. Gola G. Nordertvall K.J. Torstenson B. Invasão de Microorganismos e Algumas Alterações Estruturais em Cáries Incipientes do Esmalte - Uma Investigação Microscópica Eletrónica de Varrimento. Caries Res 1980; 14(5): 276-284

20. Holly F.J., Gray J.A. Mechanism for incipient carious lesion growth using a physical model based on diffusion concepts (Mecanismo de crescimento de lesões cariosas incipientes utilizando um modelo físico baseado em conceitos de difusão). Archives of Oral Biology março de 1968;13(3): 319-333

21. Moreno E., Zahradnik, R. T. Desmineralização e remineralização do esmalte dentário. J Dent Res 1979; 58(B):896- 902

22. Seppa L., Alakuijala P., Karvonen I. Um estudo de microscopia eletrónica de varrimento da penetração bacteriana do esmalte humano em cáries incipientes. Archives of Oral Biology 1985; 30(8): 595-598 23. Emami Z, al-Khateeb S, de Josselin de Jong E, Sundstrom F, Trollsas K, Angmar-Mânsson B. Perda mineral em lesões de cárie incipientes quantificada com fluorescência laser e microradiografia longitudinal. Um estudo metodológico. Ata Odontol Scand. 1996 Feb; 54(1):8-13

24. Skeie MS, Espelid I, Skaare AB, Gimmestad A. Caries patterns in an urban preschool population in Norway (Padrões de cárie numa população pré-escolar urbana na Noruega). Eur J Paediatr Dent. 2005 Mar; 6(1):16-22

25. Verdonschot EH, Bronkhorst Em, Burgersdijk Rcw, Konig Kg, Truin Gj. Performance of some diagnostic systems in exatnination for small oclusal carious lesions, Catres Res 1992; 26: 59-64

26. Pine C.M, Ten Bosch J.J. Dynamics of and Diagnostic Methods for Detecting Small Carious Lesions (Dinâmica e métodos de diagnóstico para a deteção de pequenas lesões cariosas). Caries Research 1996; 30: 381-388.

27. Verdonschot E., Mansson B Angmar, J.J Ten Bosch, Deery C, Huysmans M.C.D.N.J.M, Pitts N, Waller E. Developments in Caries Diagnosis and Their Relationship to Treatment Decisions and Quality of Care. Caries Res 1999; 33: 32-40.

28. Shi X.-Q., Welander U., Angmar-Mansson B. Deteção de Cáries Oclusais com KaVo DIAGNOdent e Radiografia: Uma comparação in vitro. Caries Res 2000; 34: 151-158.

29. Angmar-Mansson B, Ten Bosch J J. Fluorescência quantitativa induzida por luz (QLF): um

método para avaliação de lesões de cárie incipientes. Radiologia Dentomaxilofacial 2001; 30: 298-307.

30. Hibst Raimund, Paulus Robert, Lussi Adrian. Deteção de Cáries Oclusais por Fluorescência Laser: Investigações básicas e clínicas. Medical Laser Application 2001; 16(3):205-213.

31. Costa AM, Paula LM, Bezerra AC. Uso do diagnodent para diagnóstico de cárie de dentina oclusal não cavitada. J Appl Oral Sci 2008; 16:18-23.

32. Khalife MA, Boynton JR, Dennison JB, et al. Avaliação in vivo do DIAGNOdent para a quantificação de cáries dentárias oclusais. Oper Dent 2009; 34: 136-141.

33. Chu CH, Lo EC, You DS. Diagnóstico clínico de cáries de fissura com técnicas convencionais e de fluorescência induzida por laser. Lasers Med Sci 2010 maio; 25: 355-362.

34. Seppa L, Pollanen L, Hausen H. *Streptococcus mutans* Counts Obtained by a Dip-Slide Method in Relation to Caries Frequency, Sucrose Intake and Flow Rate of Saliva. Caries Research 1988; 22(4): 226-229.

35. Weinberger S.J., Wright G.Z.. Correlacionando *Streptococcus mutans* com cáries dentárias em crianças pequenas usando um método microbiológico clinicamente aplicável. Caries Research 1989; 23(5): 385-388.

36. Russell J. I., MacFarlane T. W., Aitchison T. C., Stephen K. W., Burchell C. K. Caries prevalence and microbiological and salivary caries activity tests in Scottish adolescents. Community Dentistry and Oral Epidemiology 1990; 18: 120-125.

37. K Wennerholm, B Lindquist, CG Emilson. O método do palito em relação a outras técnicas de amostragem da placa bacteriana para avaliar os estreptococos mutans. Eur J Oral Sci. 1995; 103(1):36- 41.

38. Gabris K, Nagy G, Madlena M., Denes Z.
Marton S, Keszthelyi G, Bànóczy J. Associações entre testes microbiológicos e de atividade de cárie salivar e experiência de cárie em adolescentes húngaros caries res 1999;33(3): 191-195.

39. Tanaka M, Kadoma Y. Redução comparativa da desmineralização do esmalte por cálcio e fosfato in vitro. Caries Research 2000; 34: 241-245.

40. Shi Sizhen, Deng Qing, Hayashi Yoshihiro, Yakushiji Masashi, Machida Yukio, Lian Qin. Um estudo de acompanhamento de três testes de atividade de cárie. JCPD 2003; 27(4):359-364.

41. Doel J. J., Hector M. P., Amirtham C. V.. Protective effect of salivary nitrate and microbial nitrate reductase activity against caries. Eur J Oral Sci 2004; 112: 424-428.

42. Kitasako, M Moritsuka, RM Foxton, M Ikeda, J Tagami, S Nomura. Teste simplificado e quantitativo da capacidade tampão da saliva utilizando um medidor de pH portátil. Am J Dent 2005; 18(3): 147-50.

43. Leonor Sànchez-Pérez, Jordan Golubov, M. Esther Irigoyen-Camacho, Patricia Alfaro

Moctezuma, Enrique Acosta-Gio.
Marcadores clínicos, salivares e bacterianos para avaliação do risco de cárie em crianças em idade escolar: um acompanhamento de 4 anos. Int J of Clin Pedia Dent 2009;19:186-192.

44. Gaffar A, Blake-Haskins J, Mellberg J. Estudos in vivo com um sistema de fosfato dicálcico di-hidratado/MFP para a prevenção de cáries. Int Dent J. 1993 Feb;43(1 Suppl 1):81-8.

45. Reynolds EC, Cai F, Shen P, Walker GD. Retenção na placa bacteriana e remineralização da lesão de esmalte in situ por várias formas de cálcio num elixir bucal ou em gomas de mascar sem açúcar. J Dent Res 2003;82(3):206-211.

46. Oshiro Maki, Yamaguchi Kanako, Takamizawa Toshiki, Hirohiko Inage, Watanabe Takayuki, Irokawa Atsushi, Ando Susumu, Miyazaki Masashi. Efeito da pasta CPP-ACP na mineralização dos dentes: um estudo FE-SEM. J Oral Sci. 2007: 49(2):115-120.

47. Pai D, Bhat S S, Taranath Abhay, Sargod Sharan, Pai V M. Utilização da fluorescência laser e do microscópio eletrónico de varrimento para avaliar a remineralização de lesões incipientes do esmalte remineralizadas pela aplicação tópica de um creme contendo fosfato de cálcio amorfo de fosfopéptido de caseína (CPP-ACP). J Clin Pedi Dent 2008; 32(3):201-206.

48. Cochrane NJ, Saranathan S, Cai F, Cross KJ, Reynolds EC. Remineralização da lesão subsuperficial do esmalte com soluções de cálcio, fosfato e flúor estabilizadas com fosfopeptídeo de caseína. Caries Res. 2008; 42(2): 88-97

49. M Goswami, S Saha, TR Chaitra. Últimos desenvolvimentos em tecnologias de remineralização não fluoretadas. Journ of Ind Soc of ped dent 2012;30(1): 2-6

50. Patil N, Choudhari S, Kulkarni S, Joshi S R. Avaliação comparativa do potencial remineralizante de três agentes no esmalte humano desmineralizado artificialmente: Um estudo *in vitro*. J Conserv Dent 2013;16:116-20.

51. Foley J., Evans D., Blackwell A. Remoção parcial de cáries e materiais cariostáticos em dentes molares decíduos cariados: um ensaio clínico controlado e aleatório. Brit. dent J 2004 volume 197; 697-701.

52. Smales RJ, Ngo HC, Yip KH, Yu C. Efeitos clínicos das restaurações de ionómero de vidro na dentina cariada residual em molares primários. American Journal of Dentistry 2005 18; (3):188-93.

53. Trairatvorakul C., Kladkaew S., Songsiripradabboon S..
Gestão ativa de cáries incipientes e escolha de materiais. J Dent Res 2008 87(3):228-232.

54. Fidalgo F B, Maroun S, de Oliveira B. H. Eficácia de um cimento de ionómero de vidro utilizado como selante de fossas e fissuras em primeiros molares permanentes recentemente irrompidos. J Dent Child 2009;76: 34-40.

55. Hubel S., Mejare I. Cimento de glassionómero convencional versus cimento de glassionómero modificado por resina para restaurações de classe II em molares primários - estudo clínico de 3 anos.

Jornal Internacional de Medicina Dentária 2003; 13: 2-8.

56. Prabhakar A.R., Mahantesh T., Ahuja V. Comparação do potencial de inibição de retenção e desmineralização de cimentos adesivos em dentes decíduos. J Dent Child 2010-77:2: 66-71.

57. Paschoal MA, Gurgel CV, Rios D, Magalhaes AC, Buzalaf MA, Machado MA. Perfil de liberação de flúor de um cimento de ionômero de vidro modificado por resina nanofilled. Braz Dent J. 2011; 22(4):275-9.

58. Basso GR, Bona A D, Gobbi DL, Cecchetti D. Liberação de flúor de materiais restauradores. Braz. Dent J 2011;22(5):355-8.

59. Milton Houpt, Anna Fuks, Eliezer Eidelman. A restauração preventiva de resina (resina composta/sealant): resultados de 9 anos. Quintessence Int 1994; 25:155-159

60. Mickenautsch S, Kopsala J, Rudolph MJ, Ogunbodede EO. Avaliação clínica da abordagem e dos materiais do ART em escolas agrícolas periurbanas da área de Joanesburgo. S Africa Dent J 2000; 55: 364-368

61. Holmgren CJ, Lo ECM, Hu DY, Wan HC. Restaurações ART e selantes colocados em crianças chinesas em idade escolar - resultados após três anos. Comm Dent Oral Epidemiol 2000;28:314-320.

62. Jang K-T, Garcia-Godoy F, Donly KJ, Segura A. Efeitos remineralizadores das restaurações de ionómero de vidro nas cáries interproximais adjacentes. J Dent Child 2001;68:125-128.

63. Boeckh C, Schumacher E, Podbielshi A, Haller B. Antibacterial activity of restorative dental biomaterials in vitro. Caries Res 2002; 36: 101-107.

64. Carolina da Franca, Viviane Colares, Evert van Amerongen. O operador como fator de sucesso em restaurações ART. Braz J Oral Sci. 2011; 10(1):60-64.

65. Francescut P., Lussi A. Performance of a Conventional Sealant and a Flowable Composite on Minimally Invasive Prepared Fissures (Desempenho de um Selante Convencional e de um Compósito Fluido em Fissuras Preparadas Minimamente Invasivas). Oper dent 2006;31(5): 543-550.

66. Azarpazhooh Amir, Main PA. Selantes de fossas e fissuras na prevenção da cárie dentária em crianças e adolescentes: Uma revisão sistemática JCDA 2008;74(2):171-217.

67. Fidalgo F B, Maroun S., De Oliveira B H. Eficácia de um cimento de ionómero de vidro utilizado como selante de fossas e fissuras em primeiros molares permanentes recentemente irrompidos. J Dent Child 2009; 76(1):34-40.

68. Simonsen RJ, Neal RC. A review of the clinical application and performance of pit and fissure sealants (Uma revisão da aplicação clínica e do desempenho dos selantes de fossas e fissuras). Austr. Dent J 2011; 56:1(s):45-58.

69. James C. Hamilton, J B. Dennison, K W. Stoffers, K B Welch. Uma avaliação clínica do tratamento por abrasão a ar de lesões cariosas questionáveis - relatório de 12 meses. J A D A 2001;132(6):762-769.

70. Rafique S, Fiske J, Banerjee A. Ensaio clínico de um procedimento operatório de abrasão a ar/quimiomecânico para o tratamento de restauração de pacientes dentários. Caries Res. 2003;37(5):360-4.

71. Péguriera L. L., Bollab M.M., Bertrand M.F, Fradeta T., Bollad Marc. Microinfiltração de um selante de fossas e fissuras: Efeito da abrasão a ar comparada com preparações clássicas de esmalte J Adhesive Dent 2004;6(1): 43-48.

72. Honda K, Kinoshita N, Abe T, Hasegawa M, Shimizu A. Eficácia de um novo bocal de jato para remoção de dentina cariada com um sistema de abrasão a ar. Dent Mater J. 2008;27(6):835-41.

73. Neuhaus KW, Ciucchi P, Donnet M, Lussi A. Remoção de cáries de esmalte com um pó de abrasão a ar. Oper Dent. 2010 ;35(5):538-46.

74. Banerjee A, Thompson ID, Watson TF. Remoção de cáries minimamente invasiva utilizando abrasão a ar com vidro bioativo. J Dent. 2011;39(1):2-7

75. Myers Terry D.A, Myers William D.A. A utilização de um laser para o desbridamento de cáries incipientes. J Prosth dent 1985;53(6):22-26.

76. Featherstone J.D.B., Nelson D.G.A. Laser Effects on Dental Hard Tissues (Efeitos do laser nos tecidos duros dentários). Adv Dent Res 1987; 1(1): 21-26.

77. Steven R., Visuri MS, Joseph T. Walsh, Harvey A. Wigdor. Ablação de tecido duro dentário com laser de érbio: Efeito do arrefecimento com água. Lasers em Cirurgia e Medicina 1996;18(3):294-300.

78. Walsh LJ. O estado atual das aplicações de laser em medicina dentária. Aust Dent J. 2003 Sep; 48(3):146-55.

79. Chen CC, Huang ST. Os efeitos dos lasers e do flúor na resistência ácida do esmalte humano descalcificado. Photomed Laser Surg. 2009;27(3):447-52.

80. Yashar Rezaei, Hossein Bagheri, Maryam Esmaeilzadeh. Efeitos da irradiação laser na prevenção da cárie. J laser in medical sciences 2011;2(4):81-85

81. Rickard GD, Richardson R, Johnson T, McColl D, Hooper L. Ozonoterapia para o tratamento de cáries dentárias. Base de dados Cochrane Syst Rev. 2004;(3):CD004153.

82. Baysan A, Lynch E. A utilização do ozono em medicina dentária e medicina. Prim Dent Care. 2005;12(2):47-52.

83. Stübinger S, Sader R, Filippi A. A utilização do ozono em medicina dentária e cirurgia maxilofacial: uma revisão. Quintessence Int. 2006 maio;37(5):353-9.

84. Azarpazhooh A, Limeback H. A aplicação do ozono em medicina dentária: uma revisão sistemática da literatura. J Dent. 2008; 36(2):104-16.

85. Vermeersch G., Leloup G., Vreven J. Libertação de fluoreto de cimentos de ionómero de vidro, compómeros e compósitos de resina. J Oral Rehabi 2001;28:26-32.

86. Yildiz Mehmet, Yusuf Ziya Bayindir A, Erzurum. Libertação de flúor de cimentos de ionómero de vidro convencionais e de resinas compostas modificadas com poliácidos. Fluoride2004;37(1): 38-42.

87. Mousavinasab SM, Meyers Ian. Libertação de fluoreto por cimentos de ionómero de vidro, compómero e giómero. Dental Res Jour 2009; 6(2):11-16.

88. Gordon VV, Mondragon E, Watson RE. Uma avaliação clínica do primer autocondicionante e do material de restauração giomer: resultado aos oito anos. JADA 2007;138(5): 621-627.

89. Dhull KS, Nandlal B. Avaliação comparativa da libertação de flúor dos compósitos PRG e do compómero na aplicação de flúor tópico: um estudo in vitro. JISPPD 2009;27(1): 39-45.

90. S. Paris, H. Meyer-Lueckel, Kielbassa A.M. Resin Infiltration of Natural Caries Lesions (Infiltração de resina em lesões de cárie naturais). J Dent Res 2007;86(7):662-666.

91. Jeong-Hye Son, Bock Hur, Hyeon-Cheol Kim, Jeong-Kil Park. Tratamento de manchas brancas: técnica de infiltração de resina e microabrasão. JKACD 2011; 36(1):66-70.

92. Kim Shin, Kim Eun-Young, Jeong Tae-Sung Kim, Jung- Wook. A avaliação da infiltração de resina para mascarar lesões de manchas brancas no esmalte labial. Inter J of Paed Dent 2011; 21: 241248.

93. Manual de referência 09/10. Diretriz da AAPD sobre Avaliação e Gestão do Risco de Cárie em Bebés, Crianças e Adolescentes.

94. Manual de Referência V 34(6):12/13. AAPD Guideline on Cariesrisk Assessment and Management for Infants, Children, and adolescents (Diretrizes da AAPD sobre Avaliação e Gestão do Risco de Cárie em Bebés, Crianças e Adolescentes).

95. Powell LV. Avaliação do risco de cárie: relevância para o profissional. J Am Dent Assoc. 1998; 129(3):349-53.

96. Litt MD, Reisine S, Tinanoff N. Multidimensional causal model of dental caries development in low-income pre-school children. Public Health Reports 1995;110(4):607-17.

97. Nunn ME, Dietrich T, Singh HK, Henshaw MM, Kressin NR. Prevalência de cáries na primeira infância entre crianças urbanas muito jovens de Boston em comparação com crianças dos EUA. J Public Health Dent 2009; 69(3):156-62.

98. Shobha tondon. Textbook of Pedodontics. 2nd edição página no 56-71.

99. Bratthall D, Hansel Petersson G, Stjernsward JR. Manual do cariograma, versão Internet 2.01. 2 de abril de 2004.

100. Bratthall D, Petersson GD. Cariograma - um modelo de avaliação de risco multifatorial para uma doença multifatorial. Community Dent Oral Epidemiol 2005; 33: 256-64.

101. Ekstrand KR, Improving clinical visual detection- Potential for caries clinical trials (Melhorar a deteção visual clínica - Potencial para ensaios clínicos de cáries). J Dent Res 2004; 83(C):67-71.

102. Kuhnisch J, Ifland S. Deteção in vivo de lesões de cárie não cavitadas em superfícies oclusais por inspeção visual e fluorescência induzida quantitativa. Ata Odont scand 2007;65: 183-188.
103. Soben Peter, 2nd edition. Livro de texto de odontologia comunitária
104. Yang J, Dutra V. Utilidade da radiologia, fluorescência laser e transiluminação. Dent Clin Am 2005;49: 739-752.
105. Mariana M. Braga, Fausto M. Mendes, Kim R. Ekstrand. Avaliação da atividade de deteção e diagnóstico da cárie dentária. Dent Clin N Am 2010;54(3): 473-493.
106. Pretty IA. Deteção e diagnóstico de cáries: novas tecnologias sem a necessidade de radiação ionizante. J Dent 2006; 34(10):727- 39.
107. Longbottom C, Huysmans MC. Medições eléctricas para utilização em ensaios clínicos de cáries. J Dent Res 2004; 83(C):76-9.
108. Mendes FM, Nicolau José. Utilização da fluorescência quantitativa a laser no monitoramento do desenvolvimento de lesões de cárie em dentes decíduos. J Dent Child 2004;71(2): 139-140.
109. Tranaus S, Shi X.-Q., Lindgren L.-E, Trollsas K, Angmar-Mansson B. Repetibilidade e reprodutibilidade in vivo do método quantitativo de fluorescência induzida por luz. Caries Research 2002; 36(1):3-9.
110. A Lussi, R Hibst, R. Paulus. DIAGNOdent: Um método ótico para a deteção de cáries. J Dent Res 2004;83(C):C80-C83.
111. Corantes detectores de cáries - o que é que eles realmente detectam? (online). Dental outlook 2002;1:25-29.
112. Hall A, Girkin JM. Revisão de potenciais novas modalidades de diagnóstico para lesões de cárie. J dent res. online.
113. Nicolaides L, Feng C, Mandelis A. Diagnóstico dinâmico dentário utilizando simultaneamente PTR no domínio da frequência e luminescência LASER. Analytical sciences 17: online.
114. Wenzel A, Neto FH. Fatores de risco para um resultado falso positivo no diagnóstico de cárie em superfícies proximais: impacto da modalidade radiográfica e caraterísticas do observador. Caries res 2007;41 :170-176.
115. Ten-bosch JJ, Mansson BA. Uma revisão dos métodos quantitativos para estudos do conteúdo mineral de lesões de cárie incipientes intra-orais. J Dent res 1991;70: 2
116. Maria del Pilar Gutiérrez-Salazara,b, Jorge Reyes-Gasga. Microdureza e composição química do dente humano. 2003;6(3):367-373.
117. Snyder, N L. Métodos laboratoriais na avaliação clínica da atividade da cárie. JADA 1951;1:35-36.
118. Ernest Newbrun. Cariology 3rd edition page no. 67-69.
119. Cleas-Goran Crossner. Contagem de lactobacilos salivares na previsão da atividade da cárie.

Comm Dent Oral Epidem 1981; 9(4): 182-190.

120. Blicks CS. Contagem salivar de lactobacilos e Streptococcus mutans na previsão de cáries. Europ J Oral Sci 1985;93(3): 204212.

121. Sanchez L, Jordan G. Clinical, salivary, and bacterial markers for caries risk assessment in schoolchildren: a 4-year follow-up. IJPD 2009; 19: 182-192.

122. RM Grainger, M Jarrett, SL Honey. Teste de esfregaço para atividade de cárie dentária: um estudo epidemiológico. J Can Dent Assoc 1965; 31: 515-26.

123. Sizhen Shi, Qing Deng, Yoshihiro Hayashi, Masashi Yakushiji, Yukio Machida, Qin Lian. Um estudo de acompanhamento de três testes de atividade de cárie. JCPD 2003; 27(4):359-364.

124. T. Matsukubo, K. Ohta, Y Maki, M Takeuchi. Uma determinação semi-quantitativa de *Streptococcus mutans* utilizando a sua capacidade de aderência num meio seletivo. Caries Res 1981; 15(1): 40-45.

125. Gugnani N, Pandit IK, Srivastava Nikhil. Sistema Internacional de Deteção e Avaliação de Cáries (ICDAS): Um novo conceito. IJPD 201; 4(2): 93-100.

126. Ismail AI.Deteção visual e visuo-tátil de cáries dentárias. J Dent Res 2004; 83:C56-66.

127. Manual de Critérios: Sistema Internacional de Deteção e Avaliação de Cáries (ICDAS II). Comité Coordenador do Sistema Internacional de Deteção e Avaliação da Cárie (ICDAS). Workshop realizado em Baltimore, Maryland: 12-14 de março de 2005.

128. Jill Rethman, R.D.H., B. A. Tendências nos cuidados preventivos: avaliação do risco de cárie e indicações para selantes. JADA 2000;131(1):8S-12S.

129. CDC. Recommendations for using fluoride to prevent and control dental caries in the United States (Recomendações para a utilização de flúor na prevenção e controlo da cárie dentária nos Estados Unidos). MMWR Recomm Rep 2001; 50(RR14):1-42

130. Conselho de Assuntos Científicos da Associação Dentária Americana. Fluoreto tópico aplicado por profissionais: Recomendações clínicas baseadas em evidências. J Am Dent Assoc 2006;137(8):1151-9.

131. Conselho de Assuntos Científicos da Associação Dentária Americana. Recomendações clínicas baseadas em evidências para a utilização de selantes de fossas e fissuras. J Am Dent Assoc 2008; 139(4):257-67.

132. Maguire A, Rugg-Gunn AJ. Xilitol e prevenção de cáries - Será uma bala mágica? British Dent J 2003; 194(8):429-36.

133. Anusavice KJ. Abordagens actuais e futuras para o controlo da cárie. J Dent Ed 2005;69(5):538-54.

134. Peters MC, Mclean ME. Cuidados operatórios minimamente invasivos II. Técnicas e materiais contemporâneos: uma visão geral. J Adhesive Dent 2003; 3: 17-31.

135. Freedman G, Pakroo JS. A preparação de polímeros convence os pacientes. Dental Town Magazine 2003; maio: 22-5.

136. Machale Priyanka Sambhajirao, hedge- Shetiya Sahana, Agrawal Deepti. A cárie incipiente - Revisão. J Cont Dent 2013;3(1):20-24.

137. Laurence J. Walsh. Selantes de fossas e fissuras: evidências e conceitos actuais. Dental practice. novembro de 2006.

138. Hamilton J, Dennison J, Stoffers K, Gregory W, Welch K. Tratamento precoce de lesões cariosas incipientes: uma avaliação clínica de dois anos. J A D A 2002; 133:1 643-51.

74. Hamilton E. JADA 2003, vol 134: 89-91.

139. Grindefjord M, Dahllof G, Modeer T. Desenvolvimento de cáries em crianças dos 2,5 aos 3,5 anos de idade: um estudo longitudinal. Caries Res 1995; 29(6):449-54.

140. Emilson CG. Potencial eficácia da clorexidina contra estreptococos mutans e cárie dentária humana. J Dent Res 1994;73(3): 682-91.

141. Fejerskov O, Edwina AM. Kidd. Caries epidemiology, with special emphasis on diagnostics on diagnostic standard. In dental caries the disease and its clinical management. Gray Publising, Dinamarca. Blackwell Munskgaard 2003;141-61.

142. Autio-Gold J. O papel da clorhexidina na prevenção das cáries. Oper Dent. 2008;33(6):710-6.

143. Tanaka M, Matsunaga K, Kadoma Y. Correlação na concentração de iões inorgânicos entre a saliva e o fluido da placa bacteriana. J Med Dent Sci. 2000;47(1):55-9

144. Wright JT. Evidências actuais para a terapêutica remineralizante na gestão da cárie. Can J Dent hygiene 2012;46(1):17-27.

145. Aimatis WR. Efeito das proteínas do leite com especial incidência na antiocariogénese. J Nutr. 2004;134(4):989S-95S.

146. Reynolds EC. Complexos anticariogénicos de fosfato de cálcio amorfo estabilizados por fosfopeptídeos de caseína: Uma revisão. Spec Care Dentist 1998;8:8-16.

147. Reynolds EC. Anticariogenity of calcium phosphate complexes of tryptic casein phosphopeptides in the rat", J Dent Res 1995;74:1272-1279.

148. Walsh. Tecnologias contemporâneas para terapias de remineralização: Uma revisão 2006;2:21-26.

149. Cross KJ, Huq NL, Stanton DP, Sum M, Reynolds EC. Estudos de RMN de um novo veículo de entrega de cálcio, fosfato e flúor - alfa(S1)- caseína(59-79) por nanocomplexos amorfos estabilizados de fosfato de fluoreto de cálcio. Biomaterials 2004;
25(20):5061-9.

150. Laurence J. Walsh. Tecnologias contemporâneas para terapias de remineralização: Uma revisão. International Dentistry 2006;11(6): 6-16.

151. N.H. Wilson. Textbook of minimal invasive dentistry. O tratamento da cárie; páginas 62-64.
152. http//www.gsk.com
153. Du M, Tai BJ, Jiang H, Zhong J, Greenspan DC, Clark A. Eficácia de dentrifrice contendo vidro bioativo (Novamins) na hipersensibilidade da dentina. J Dent Res 2004;83:13-5.
154. Sullivan RJ, Charig A, Blake-Haskins J, Zhang YP, Miller SM, Strannick M, Gaffar A, Margolis HC. Deteção in vivo de cálcio de dentifrícios de fosfato dicálcico di-hidratado em esmalte humano desmineralizado e placa bacteriana. Adv Dent Res. 1997; 11(4):380-7.
155. Papas A, Russell D, Singh M, Kent R, Triol C, Winston A. Ensaio clínico de cárie de uma pasta dentífrica remineralizante em pacientes com radiação. Gerodont 2008; 25(2):76-88.
156. Carol Anne Murdoch-Kinch, Mary Ellen Mclean.Medicina dentária minimamente invasiva JADA janeiro de 2003 134(1): 87-95.
157. Trava-Airoldi VJ, Corat EJ, Leite NF, Nono MC, Ferreira NG, Baranauskas V. Desenvolvimento e aplicações de brocas de diamante CVD. Diamond Relat Mater 1996; 5: 857-60.
158. R. C Carlos Augusto, C. F Ticiane, B J. E Terezinha, J T A Vladimir, Maria Fidela L. Navarro. O uso de brocas de diamante CVD para preparos cavitários ultraconservadores: Relato de dois casos. J Esthet Rest Dent 2007;19:19-29.
159. Valera MC, Ribeiro JF, Trava-Airoldi VJ, Corat EJ, Pena AFV, Leite NF. Pedras de diamante CVD. Rev Gaúcha Odontol 1996;44: 104-8.
160. Hudson P. Tratamento conservador da lesão de classe I: um novo paradigma para a medicina dentária. J Am Dental Assoc 2004; 135: 760-764.
161. S. Damle. Livro de texto de dentisteria pediátrica, página no. 51-53.
162. Rezk-Lega F, Ogaard B. Força de ligação à tração dos cimentos de ionómero de vidro na ligação direta de brackets ortodônticos: um estudo comparativo in vitro. Am J Orthod Dentofacial Orthop. 1991 ;100(4):357-61.
163. Lennart Forsten. Libertação de flúor a curto e a longo prazo de revestimentos à base de ionómero de vidro. Jornal Europeu de Ciências Orais 1991;99(4):340-342.
164. J.M. TEN CATE MJ. Bus J.J.M. DAMEN. Os Efeitos das Restaurações GIC na Desmoralização e Remineralização do Esmalte e da Dentina. Adv Dent Res dezembro de 1995; 9(4):384-388.
165. Anusavice. Ciência dos materiais dentários de Phillips. 11th edition. 480-485
166. SK Sidhu. Materiais de restauração de cimento de ionómero de vidro: um assunto delicado. Austr Dent journal 2011;56(1 suppl): 23-30.
167. Erin Mahoney, Nicky Kilpatrick, Timothy Johnston. Handbook of Restorative paediatric dentistry (Manual de dentisteria pediátrica restauradora). 1 Edição, Página n.º 2-16.
168. Monte GJ. Um atlas de cimentos de ionómero de vidro. Um guia para o clínico. 3rd edn. London:

Martin Dunitz Ltd, 2002.

169. Seth Rishi, Singh Hardev. Int J Child Dent C 2011, volume 1(1): 66-70.

170. Smales RJ, Gao W. Inibição da cárie in vitro nas margens do esmalte de restaurações de ionómero de vidro desenvolvidas para a abordagem ART. J Dent 2000; 28: 249-256.

171. Richard J. Simonsen. Restaurações preventivas de resina e selantes à luz das evidências actuais. D Clin N Am 2005; 815-823.

172. Kotsanos N. An intraoral study of caries induced on enamel in contact with fluoride-releasing restioartive materials. Caries Res 2001; 35: 200-204.

173. Buonocore MG. Um método simples para aumentar a adesão de materiais de enchimento acrílicos às superfícies de esmalte. J Dent Res 1955; 34: 849-853.

174. Miche'le Muller-Bolla, Laurence Lupi- Pe'gurier, Corinne Tardieu. Retenção de selantes de fossas e fissuras à base de resina: uma revisão sistemática Community Dent Oral Epidemiol 2006; 34: 321-36.

175. McComb D. Systematic Review of conservative operative caries management startegies (Revisão sistemática das estratégias conservadoras de tratamento de cáries). J Den edu 2004;65(10): 1154-1161

176. J. Tim Rainey. Air abrasion: an emerging standard of care in conservative operative dentistry. Dent Clin N Am 2002; 46(3):185-209.

177. Xu HH, Kelly JR, Jahanmir S, Thompson VP, Rekow ED. Danos na subsuperfície do esmalte devido à preparação do dente com diamantes. J Dent Res 1997; 76(10):1698-706.

178. Black GV. Operative dentistry. vol. I. 7ª ed., Londres: Henry Kimpton; 1924. Londres: Henry Kimpton; 1924. p 32.

179. Hegde VS, Khatavkar RA. Uma nova dimensão para a medicina dentária conservadora: Abrasão a ar. J Conserv Dent 2010; Vol 13(1):4-9.

180. Jonas de Almeida Rodrigues, Thais Maria de Vita, Rita de Cassia Loiola Cordeiro. Avaliação In Vitro da Influência da Abrasão a Ar na Deteção de Lesões de Cárie Ocdusal em Dentes decíduos. Pediatric dent. 2008; 30(1):15-18)

181. CAROL ANNE MURDOCH-KINCH, MARY ELLEN McLEAN. Medicina dentária minimamente invasiva. JADA 2003; 134: 87-96.

182. Marco Aurélio Benini PASCHOAL, Angela Cristina Cilense ZUANON. Limitações da técnica de microabrasão do esmalte aplicada em um paciente pediátrico: relato de caso Rev Odontol, Araraquara. 2011; 40(2): 103-107.

183. Maha Ahmed Niazy, Ahmed El-Sayed Salama. O efeito de terapias combinadas de branqueamento e micro-abrasão na micro-morfologia interfacial e na resistência ao cisalhamento de 2 adesivos dentários ao esmalte humano. Cairo Dental Journal 2008; 24(2): 359-370.

184. Pratima Shenoi, Archana Kandhari, Mohit Gunwal. Melhoria estética de dentes descoloridos por microabrasão macroabrasão e o seu impacto psicológico nos pacientes - uma série de casos. Ind J Multidiscip Dent 2011; 2(1): 388-392.

185. Adriana Yuri Tashima, Janaiana Merli Aldrigui, Sandra kalil bussadori, Marcia Turolla Wanderley. Microabrasão do esmalte em Odontopediatria. ConScientae Saude 2009; 8(1): 133-137.

186. Parker S. Introdução, história do laser e produção de luz laser Br Dent J. 2007;202(9):523-32.

187. Mercer C. Lasers em medicina dentária: uma revisão. Parte 2: Diagnóstico, tratamento e investigação Dent Update 1996; 23(3):120-5.

188. Goldman L, Gray JA, Goldman J, Goldman B, Meyer R. Efeitos dos impactos do laser nos dentes. J Am Dent Assoc 1965; 70:601606.

189. Donald J. Fundamentals of dental lasers: science and instruments (Fundamentos dos lasers dentários: ciência e instrumentos). Dent Clin N Am 2004;48(4):751-770.

190. O dicionário de fotónica. 1997. Edição 43rd . Pittsfield (MA): Laurin Publishing.

191. Robert A. Convissar. The biologic rationale for the use of lasers in dentistry. Dent Clin N Am 2004;48(5): 771-794.

192. Pamela J. Piccione. Segurança do laser dentário. Dent Clin N Am 2004;48(6):795-807.

193. Finkbeiner RL. Os resultados de 1328 bolsas periodontais tratadas com o laser de árgon. J Clin Laser Med Surg 1995; 13: 273-81.

194. Olivi G, Genovese M.D. Dentisteria de restauração a laser em crianças e adolescentes. Euro Arch Pedia dent 2011; 12(2): 67-78.

195. Parkins F, Miller R. Analgesia da dentina com laser Nd:YAG. J Dent Res 1992; 71: 162.

196. Lawrence A. Kotlow. Lasers em dentisteria pediátrica. Dent Clin N Am 2004; 48(10): 889-922.

197. L.C. Martens. Física do laser e uma revisão das aplicações do laser em medicina dentária para crianças. Eur Arch Paed Dent 2011; 12(2):61-67.

198. Stockleben C. - HealOzone - uma revolução na medicina dentária.

199. Baysan A, Whiley RA, Lynch E. Efeito antimicrobiano de um novo dispositivo gerador de ozono em microrganismos associados a lesões cariosas radiculares primárias in vitro. Caries Res 2000; 34: 498-501.

200. Sushma Das. Aplicação da terapia do ozono em medicina dentária. IJDA 2011;3(2): 538-542.

201. John F. Materiais inteligentes em medicina dentária - perspectivas futuras. Dental Materials J2009; 28(1): 37-43.

202. McCabe JF, Yan Z, Naimi OT Al, Mahmoud G, Rolland SL. Materiais inteligentes em medicina dentária. Austr Dent J 2011; 56:(1Sl): 3-10.

203. John W. Nicholson. Compomidores. J esth & restor dent 2008;20(1):3-4.

204. Tian F, Adrian U, Jin YAP. Efeito de soluções de coloração na cor de compósitos contendo

ionómero de vidro pré-reagido. Dent Mater J 2012; 31(3): 384-388.

205. Shofu dental corporation. Utilização de giómeros em cuidados pediátricos. Inside dentistry Nov 2011/www.dentalaegis.com/id.

206. Freedman G, Pakroo JS. A preparação de polímeros convence os pacientes. Dental Town Magazine 2003;22:5-15.

207. Medicina dentária em linha - Um sítio para estudantes de medicina dentária. Brocas inteligentes. 2008.

208. Aline de Almeida Nevesa, Eduardo Coutinhob, Marcio
Vivan Cardosoc, Paul Lambrechtsd, Bart Van Meerbeeke. Conceitos e Técnicas Actuais para a Escavação de Cáries e Adesão à Dentina Residual. J Adhes Dent 2011; 13; 7-22.

209. Dammaschke T., Rodenberg T. N., Scafer, E., Ott. Efficiency of the Polymer Bur SmartPrep Compared with Conventional Tungsten Carbide Bud Bur in Dentin Caries Excavation. Oper Dent 2006;31(2):256-260.

210. Till Dammaschke, Dr. Med Dent, Aleksandra Vesni, Cand Med Dent, Edgar Schafer. Comparação in vitro de brocas de cerâmica e brocas convencionais de carboneto de tungsténio na escavação de cáries de dentina. Quint Int 2008; 39: 495-499.

211. Meyer-Lueckel H, Paris S, Kielbassa A M: Erosão da camada superficial de lesões de cárie naturais com géis de ácido fosfórico e clorídrico. Caries Res 2007; 41: 223-30 .

212. Kamila Rosamilia Kantovitza, Fernanda Miori, Nobre-dos- Santosa, Regina Maria. Revisão dos Efeitos de Infiltrantes e Seladores em Lesões de Esmalte Não Cavitadas. Saúde Bucal Prev Dent 2010; 8: 295-305.

213. Vera Mendes Soviero, Mariana Canano Séllos, Marcio Garcia dos Santos. Tratamento micro-invasivo da cárie - ampliando o espetro terapêutico na odontopediatria moderna. International Dentistry SA 2009;12(5): 34-42.

214. Galina Pancu, Sorin Andrian, Gianina Iovan. Estudo sobre a avaliação da microdureza do esmalte em lesões cariosas incipientes tratadas pelo método Icon. Romanian J Oral Rehab 2011; 3(4):64-100.

Printed by Books on Demand GmbH, Norderstedt / Germany